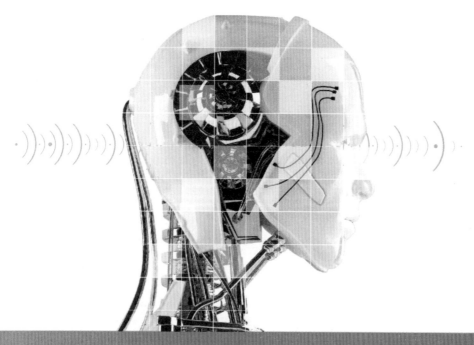

深度学习实践
计算机视觉

缪 鹏 著

清华大学出版社
北京

内 容 简 介

本书主要介绍了深度学习在计算机视觉方面的应用及工程实践,以Python 3为开发语言,并结合当前主流的深度学习框架进行实例展示。主要内容包括:OpenCV入门、深度学习框架介绍、图像分类、目标检测与识别、图像分割、图像搜索以及图像生成等,涉及到的深度学习框架包括PyTorch、TensorFlow、Keras、Chainer、MXNet等。通过本书,读者能够了解深度学习在计算机视觉各个方向的应用以及最新进展。

本书的特点是依托工业环境的实践经验,具备较强的实用性和专业性。适合于广大计算机视觉工程领域的从业者、深度学习爱好者、相关专业的大学生和研究生以及对计算机视觉感兴趣的爱好者使用。

本书封面贴有清华大学出版社防伪标签,无标签者不得销售。
版权所有,侵权必究。侵权举报电话:010-62782989 13701121933

图书在版编目(CIP)数据

深度学习实践:计算机视觉/缪鹏著. —北京:清华大学出版社,2019
ISBN 978-7-302-51790-0

Ⅰ.①深… Ⅱ.①缪… Ⅲ.①计算机视觉 Ⅳ.①TP302.7

中国版本图书馆CIP数据核字(2018)第269496号

责任编辑:王金柱
封面设计:王 翔
责任校对:闫秀华
责任印制:宋 林

出版发行:清华大学出版社
网　　址:http://www.tup.com.cn,http://www.wqbook.com
地　　址:北京清华大学学研大厦A座　　　邮　　编:100084
社 总 机:010-62770175　　　　　　　　邮　　购:010-62786544
投稿与读者服务:010-62776969,c-service@tup.tsinghua.edu.cn
质量反馈:010-62772015,zhiliang@tup.tsinghua.edu.cn

印 装 者:北京天颖印刷有限公司
经　　销:全国新华书店
开　　本:180mm×230mm　　　印　　张:16.25　　　字　　数:364千字
版　　次:2019年2月第1版　　　　　　　　　　　　印　　次:2019年2月第1次印刷
定　　价:79.00元

产品编号:081322-01

前言

目前人工智能领域越来越受到公众的关注，因此人工智能算法工程师也渐渐浮出水面，成为招聘网站上一个非常耀眼的岗位，各类创业投资也紧紧围绕着 AI 主题旋转。

我认为目前人工智能算法工程师主要分为两类。

- 科学家型：主要研究前沿算法，在各大高校和企业的研究院居多。
- 工程师型：主要将最新的算法应用到具体的业务场景，在企业开发部门居多，为本书主要针对对象。

人工智能算法按特征学习的深浅分为机器学习、深度学习，另外也有强化学习方向。按应用场景则可分为：计算机视觉、自然语言和语音处理等。

编写本书主要基于以下事实，笔者在学习机器学习和深度学习的过程中，发现理论方面的书籍十分丰富，包括周志华老师的《机器学习》与 Ian Goodfellow 的《深度学习》；教学视频也十分丰富，包括斯坦福大学吴恩达教授的 CS229 与李飞飞教授的 CS231，以及台湾大学（National Taiwan University）林轩田老师和李宏毅老师的课程。但是很少有关于一个方向（比如计算机视觉）比较丰富的工程应用书籍，包括当前主流框架的综合介绍，笔者当时从理论到实践走了不少弯路，也踩过不少坑，故希望本书能在这个方面做出一点小小的贡献，成为理论与实践的桥梁，让读者相对容易地迈出由 0 到 1 的那一步。

本书主要关注计算机视觉领域，基于开源项目介绍最新的算法，在此也感谢各位开源人士，借助他们的成果，我们学习到了很多知识，本书各章主要内容如下：

第 1 章对深度学习与计算机视觉进行简要介绍，也会简单介绍开发环境的搭建。

第 2 章主要介绍 OpenCV 的基本操作及部分高级操作，包括人脸和人眼的检测与识别。

第 3 章着重介绍目前常用的几类深度学习框架，包括 PyTorch、Chainer、TensorFlow-Keras 和 MXNet-Gluon，另外本书中偶尔还会用到 ChainerCV 和 GluonCV。

第 4 章对图像分类进行了介绍，包括经典的网络类型（VGG、ResNet、Inception、Xception、DenseNet），并展示了部分实践操作。

第 5 章对目标检测与识别进行了介绍，包括三种主流的网络结构：YOLO、SSD、Faster R-CNN，并展示了实践操作。

第 6 章介绍图像分割技术，主要从前背景分割（Grab Cut）、语义分割（DeepLab 与 PSPNet）和实例分割（FCIS、Mask R-CNN、MaskLab、PANet）三个粒度阐述。

第 7 章介绍图像搜索技术，主要指以图搜图方面（CBIR)，以及对应的实践展示。

第 8 章主要介绍图像生成技术，包括三个大方向：Auto-Encoder、GAN 和 Neural Style Transfer。

计算机视觉是一个非常大的方向，涉及的内容非常多，本书只涉及了其中部分领域，未涉及 OCR、目标追踪、三维重建和光场等方面的内容。

本书面向的主要是已经拥有机器学习和深度学习基础，但在计算机视觉领域实践较少，对各个方向了解较少的读者，其他感兴趣的读者也可作为科普读物。希望本书能为计算机视觉感兴趣的读者打开一扇窗户，引领大家迈出从理论到实践的关键一步。另外由于笔者学识、经验和能力水平所限，书中难免有错误或误解的地方，欢迎广大读者批评指正。

阅读本书需要的知识储备包括以下几种：

- 线性代数
- 概率论
- 统计学
- 高等数学，主要指函数方面
- 机器学习
- 深度学习
- Python 编程技术（特别需要熟悉 Numpy 库）
- Linux 基础知识（可选项）

前　言

　　如果在学习过程中遇到任何问题或不太理解的概念，那么最好的方式是通过网络寻找答案，请相信我们所遇到的问题，有很大一部分是大家都会遇到的问题，网上说不定已经有了详细地讨论，这时只需要去发现即可；如果没有找到对应的解决方法，那么在对应的社区提问也是很好的一种方式。

　　希望读者在阅读本书时，谨记计算机是负责资源调度的，永远会有时间资源和空间资源的平衡问题。GPU 的使用就是并行利用空间换取时间，而 IO 密集型与计算密集型则是另外两个常常遇到的问题。在做深度学习方面的实践时，这些问题都应该考虑到位，特别是面临海量数据的时候，比如上亿级别的图像搜索业务。这些知识在计算机操作系统的书籍当中有非常详细的论述，如果读者希望在计算机领域有长足的发展，那么这是一本最基本最重要的书籍，建议好好学习。

　　对于本书的完成，要特别感谢王金柱编辑给予的帮助和指导，感谢体贴的妻子体谅笔者分出部分时间来撰写此书。

　　读者联系邮箱：booksaga@126.com。

缪　鹏

2018 年 7 月 1 日

目 录

第 1 章 深度学习与计算机视觉 ··· 1
1.1 图像基础 ··· 3
1.2 深度学习与神经网络基础 ··· 4
1.2.1 函数的简单表达 ··· 5
1.2.2 函数的矩阵表达 ··· 5
1.2.3 神经网络的线性变换 ··· 6
1.2.4 神经网络的非线性变换 ·· 6
1.2.5 深层神经网络 ·· 6
1.2.6 神经网络的学习过程 ··· 8
1.3 卷积神经网络 CNN ·· 9
1.4 基础开发环境搭建 ·· 14
1.5 本章总结 ·· 15

第 2 章 OpenCV 入门 ··· 16
2.1 读图、展示和保存新图 ·· 17
2.2 像素点及局部图像 ·· 18
2.3 基本线条操作 ·· 19
2.4 平移 ·· 20
2.5 旋转 ·· 20
2.6 缩放 ·· 21
2.6.1 邻近插值 ·· 22
2.6.2 双线性插值 ··· 22
2.7 翻转 ·· 23
2.8 裁剪 ·· 23
2.9 算术操作 ·· 23
2.10 位操作 ·· 24
2.11 Masking 操作 ··· 25
2.12 色彩通道分离与融合 ··· 26
2.13 颜色空间转换 ·· 27

- 2.14 颜色直方图 ... 28
- 2.15 平滑与模糊 ... 29
- 2.16 边缘检测 ... 31
- 2.17 人脸和眼睛检测示例 ... 32
- 2.18 本章总结 ... 35

第 3 章 常见深度学习框架 ... 36

- 3.1 PyTorch ... 38
  - 3.1.1 Tensor ... 39
  - 3.1.2 Autograd ... 42
  - 3.1.3 Torch.nn ... 43
- 3.2 Chainer ... 45
  - 3.2.1 Variable ... 46
  - 3.2.2 Link 与 Function ... 47
  - 3.2.3 Chain ... 50
  - 3.2.4 optimizers ... 51
  - 3.2.5 损失函数 ... 51
  - 3.2.6 GPU 的使用 ... 52
  - 3.2.7 模型的保存与加载 ... 54
  - 3.2.8 FashionMnist 图像分类示例 ... 54
  - 3.2.9 Trainer ... 59
- 3.3 TensorFlow 与 Keras ... 66
  - 3.3.1 TensorFlow ... 66
  - 3.3.2 Keras ... 67
- 3.4 MXNet 与 Gluon ... 73
  - 3.4.1 MXNet ... 73
  - 3.4.2 Gluon ... 74
  - 3.4.3 Gluon Sequential ... 74
  - 3.4.4 Gluon Block ... 75
  - 3.4.5 使用 GPU ... 76
  - 3.4.6 Gluon Hybrid ... 77
  - 3.4.7 Lazy Evaluation ... 79
  - 3.4.8 Module ... 80
- 3.5 其他框架 ... 81
- 3.6 本章总结 ... 81

目 录

第 4 章 图像分类 ... 82

4.1 VGG ... 84
4.1.1 VGG 介绍 ... 84
4.1.2 MXNet 版 VGG 使用示例 ... 85

4.2 ResNet ... 89
4.2.1 ResNet 介绍 ... 89
4.2.2 Chainer 版 ResNet 示例 ... 90

4.3 Inception ... 95
4.3.1 Inception 介绍 ... 95
4.3.2 Keras 版 Inception V3 川菜分类 ... 97

4.4 Xception ... 116
4.4.1 Xception 简述 ... 116
4.4.2 Keras 版本 Xception 使用示例 ... 116

4.5 DenseNet ... 122
4.5.1 DenseNet 介绍 ... 122
4.5.2 PyTorch 版 DenseNet 使用示例 ... 122

4.6 本章总结 ... 126

第 5 章 目标检测与识别 ... 128

5.1 Faster RCNN ... 129
5.1.1 Faster RCNN 介绍 ... 129
5.1.2 ChainerCV 版 Faster RCNN 示例 ... 131

5.2 SSD ... 139
5.2.1 SSD 介绍 ... 139
5.2.2 SSD 示例 ... 140

5.3 YOLO ... 148
5.3.1 YOLO V1、V2 和 V3 介绍 ... 148
5.3.2 Keras 版本 YOLO V3 示例 ... 150

5.4 本章总结 ... 157

第 6 章 图像分割 ... 158

6.1 物体分割 ... 159
6.2 语义分割 ... 164
6.2.1 FCN 与 SegNet ... 166
6.2.2 PSPNet ... 171

  6.2.3 DeepLab ………………………………………………………… 172
 6.3 实例分割 …………………………………………………………………… 176
  6.3.1 FCIS ……………………………………………………………… 177
  6.3.2 Mask R-CNN …………………………………………………… 178
  6.3.3 MaskLab ………………………………………………………… 180
  6.3.4 PANet …………………………………………………………… 181
 6.4 本章总结 …………………………………………………………………… 181

第 7 章 图像搜索 ……………………………………………………………… 183

 7.1 Siamese Network ……………………………………………………… 185
 7.2 Triplet Network ………………………………………………………… 186
 7.3 Margin Based Network ………………………………………………… 188
 7.4 Keras 版 Triplet Network 示例 ………………………………………… 190
  7.4.1 准备数据 ………………………………………………………… 190
  7.4.2 训练文件 ………………………………………………………… 191
  7.4.3 采样文件 ………………………………………………………… 195
  7.4.4 模型训练 ………………………………………………………… 202
  7.4.5 模型测试 ………………………………………………………… 206
  7.4.5 结果可视化 ……………………………………………………… 210
 7.5 本章小结 …………………………………………………………………… 216

第 8 章 图像生成 ……………………………………………………………… 218

 8.1 VAE ………………………………………………………………………… 219
  8.1.1 VAE 介绍 ………………………………………………………… 219
  8.1.2 Chainer 版本 VAE 示例 ………………………………………… 220
 8.2 生成对抗网络 GAN ………………………………………………………… 221
  8.2.1 GAN 介绍 ………………………………………………………… 221
  8.2.2 Chainer DCGAN RPG 游戏角色生成示例 …………………… 229
 8.3 Neural Style Transfer …………………………………………………… 238
  8.3.1 Neural Style Transfer 介绍 …………………………………… 238
  8.3.2 MXNet 多风格转换 MSG-Net 示例 …………………………… 241
 8.4 本章总结 …………………………………………………………………… 246

后记 ……………………………………………………………………………… 247

第 1 章

深度学习与计算机视觉

深度学习与计算机视觉近几年非常火,而它们又和人工智能联系紧密,但它们到底是什么,能解决什么问题呢?本章便试着通俗简要地回答这个问题。

首先是对世界的认识,对于人类来说,可以靠各种感官来感受周围的世界,包括眼、口、鼻、耳、舌、身,这样我们就认识了这个世界是由颜色、形状、美丑、味道、温度甚至感情的憎恶等构成的。那么有没有方法让计算机也有这些感受和认知,再进行推理、判断和决策呢?笔者认为这就是人工智能所要解决的终极问题。

对于计算机来说,一切皆为数字。比如性别为男性可以用 1 表示,女性则用 0 表示,这些都是公认的,即一种个体的属性可以使用数字来表示。既然如此,那么用向量来表示也不会有问题,如 [1,0,0] 代表"男",[0,0,1] 代表"女"。一般地,一个个体会包含很多的属性,那么把这些属性全部组合起来是不是就可以代表这个个体呢?当然可以,这对计算机来说就是有智慧的第一步——能认识并识别出不同的个体。

用眼睛观察世界对人类来说轻而易举，但对只认识数字的计算机来说就是一项非常难的任务。那么计算机视觉主要想解决什么问题呢？简单说就是让计算机能像人一样看事物，并能理解看到的事物，粒度从非常小的苍蝇到非常大的宇宙，从静态的物体到动态的行为过程，等等。此时便会涉及到一个根本性的问题：怎么样在计算机中表示这么多不同的物体呢？

以前人们经常使用的就是规则，即人类自己定义如何表示某个（或某类）物体，如从颜色、形状、纹理等等方面描述，但要知道，这个世界是非常大的，物体种类可以说是不计其数，万一规则冲突了怎么办？所以说基于规则的方法局限性非常大。于是就产生了这样的想法：计算机的计算能力这么厉害，有没有可能让它自己学习这些规则呢，比如给计算机看一些正确的例子？这样机器学习就产生了，深度学习是机器学习的一个子领域，而机器学习属于人工智能的研究范围。

机器学习主要是让计算机从历史经验（即数据）中学习知识，可将其理解为发现历史规律，总结经验教训，所以也可称为模式识别。机器学习常常可分为三种类型：监督学习、非监督学习和半监督学习。如果将机器学习简单理解为学生读书学习的过程，那么监督学习可理解为学生跟着老师学习，老师学识丰富；而非监督学习则是学生完全自学，自力更生；半监督学习则是两者综合，老师学识有限或学识丰富但指导时间有限，学生自己也需要自学。

最近几年机器学习领域发展起来的原因主要有以下几点。

（1）互联网快速发展，积累了大量的原始数据，包括图像、文本、影音等。

（2）计算机硬件飞速发展，计算能力大大提高。

（3）学术研究的突破，如以 Hinton 为代表的团队。

深度学习在很大程度上可理解为表示学习，即如何在计算机中用数字表示一个或一类物体。这种数字组成的东西也常常被称为特征，顾名思义：独特的表征，即在计算机中只有某种物体才会用那样一组数字来表示，因此深度学习也称作特征学习。如图 1-1 所示的鸟在计算机中可用独特的数字或数字组合来表示，比如：单个数字 99、向量 [123, 999, 888] 或者二维向量，甚至是更高维的向量。

那么这些数字表示什么意义呢？人类制定的规则，这些数字表示的意义一般比较明显，比如表示颜色、形状、有没有羽毛等。而在深度学习中，物体的特征向量常常很难与人类的直观意义匹配，即人们不懂这些数字代表什么意义，但计算机懂——计算机能在大量的特征向量中区分出个体。

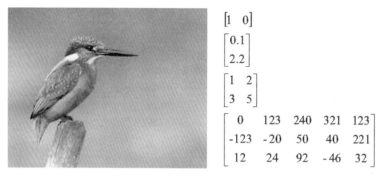

图 1-1 视觉图片与数字特征表示

本章主要介绍机器学习、深度学习与计算机视觉相关概念之间的关系,并介绍开发环境的安装。

1.1 图像基础

图像是人通过眼睛对外界的一种视觉感受,它可以存在于人们的脑海里,也可以通过某种介质(如照片或数码照片)保存下来,本书主要讨论的是计算机对图像的处理,所以明白计算机怎么看待图像是非常重要的。如前所述,计算机中所有文件都用数字表示,那么图像也不例外。

在计算机中,图像的最基本组成单元为像素,图片是包含很多个像素的集合。像素一般就是图片中某个位置的颜色,很多个像素点排列起来,就可以组成一个二维平面点阵,这就是图像。比如电脑桌面背景,如果是 1920px×1080px 的大小,那就意味着有 1920×1080(2073600)个像素:1920 列,1080 行。通常图像表达会用色彩空间的概念,常见的有 RGB、LAB、HSL 和灰度等,本书主要关注 RGB 和灰度这两种,其他色彩空间可查阅相关资料[1]。RGB 图像又称为三通道彩色图,灰度图相对应就可以叫作单通道图。通道数可简单理解为表示单个像素所需要的数字的个数。

图像分两类:模拟图像和数字图像。两者之间最大的区别是像素的值域,模拟图像像素的值域是连续的,是人类所认识感受到的;而数字图像的值域则是离散的、有限的,是计算机等电子设备所认知的事物。本书所讨论的就是计算机所认知的图像,即数字图像,后面不再说明,这也是计算机视觉的主要任务。

---

[1] http://poynton.ca/ColorFAQ.html(注意区分大小写)

在计算机中，灰度图中的像素通常用 0~255 之间的一个整数数字表示，0 表示黑色，255 表示白色，数字从 0 变到 255 表示颜色由黑变白的一个过程。颜色越黑则越接近 0，越白则越接近 255。

RGB 彩色空间则使用三个整数数字来代表一个像素，如 (0,100,200)，分别代表红色部分的颜色值为 0，绿色部分为 100，蓝色部分为 200。RGB 分别代表英文单词 Red、Green 和 Blue，其对应的取值范围都是 0～255，数值越大表示颜色越浅，越小则越饱和。所以 RGB 像素不同的组合总数为：256×256×256=16777216，其中 (0,0,0) 表示黑色，(255,255,255) 表示白色。

基于以上认识，像素点阵就可以使用矩阵来表示，差异就是不同空间表示像素的方法不同。灰度图可简单理解为一个二维矩阵，里面填满了 0～255 间的整数；而彩色图则是三维矩阵，维度分别代表高、宽和通道数，如图 1-2 所示可以更形象直观地理解，一个 4×4 的灰度图像矩阵和一个 4×4 的 RGB 彩色图像（除非特殊说明，后期本书中的彩色图像一般指 RGB 空间格式）矩阵。

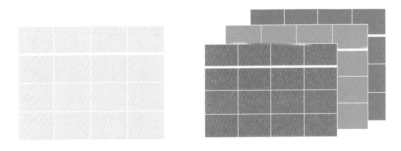

图 1-2 灰度图与 RGB 彩图

1.2 深度学习与神经网络基础

深度学习这个词语很时髦，这里通俗地解释一下它的概念。

深度学习就是使用神经网络来进行学习，将一种表示（Representation）转换为另外一种表示，那么神经网络是什么呢？简单来说神经网络就是一个函数，但它可以非常简单,如 $y=x+3$;也可以非常复杂,复杂到难以用数学公式进行解析表达,一般来讲,神经网络会包含两个主要部分:线性变换函数和非线性变换函数。

1.2.1 函数的简单表达

简单说函数就是将输入通过一些操作或变换变为输出,简记为 $y = f(x)$,就可以说 x 经过函数 f 的作用变成了 y。很多人就学过以下函数,这些函数通常做的就是将一个数字(标量,scalar)映射(变成)为另外一个数字(标量),当然可能存在一一对应、一多对应和多一对应这些情况,此处只讨论一一对应,即一个 x 只能映射为一个 y,如下所示:

$$y = ax + b$$
$$y = ax^2 + bx + c$$
$$y = ae^{bx} + cx + d$$

1.2.2 函数的矩阵表达

如果输入的是多个数字组成的向量(vector)呢,比如一个点在二维平面空间的坐标 (x,y),然后输出是一个标量,比如高度 z。假设可以用一个简单的线性函数来表示,即:$z = a \times x + b \times y + c$,这样便表示了整个操作过程。但输入通常会被当作一个变量,此时应该怎么表示这个式子呢?此时便引出了以下矩阵和向量的操作:将 $[a, b]$ 视为矩阵 A,将 $[x, y]$ 视为向量 X,然后进行矩阵与向量的乘法操作,其实就是行的元素与列的元素对应相乘然后相加。如果输入的维度更高,那么只需要增加输入 X 向量中的元素个数即可,同时对应增加线性变换矩阵 A 中每行的元素个数。如果输出多个值怎么办呢?其实只需要将线性变换矩阵 A 的行数增加即可,有多少个值 A 中就有多少行,此时输出也可以使用矩阵 Z 表示,如下所示:

$$z = \begin{bmatrix} a & b \end{bmatrix} \begin{bmatrix} x \\ y \end{bmatrix} + c = AX + c$$

$$Z = \begin{bmatrix} z1 \\ z2 \end{bmatrix} = \begin{bmatrix} a & b \\ e & d \end{bmatrix} \begin{bmatrix} x \\ y \end{bmatrix} + c = \begin{bmatrix} ax + by + c \\ ex + dy + c \end{bmatrix}$$

1.2.3 神经网络的线性变换

函数的矩阵操作也可称为线性变换，它是神经网络中最基础的操作之一。神经网络中的线性变换只是将变换矩阵 A 和输入 X 的维度变得更大了而已。对于图像来说，X 已经是成百上千级别的矩阵变量了，但原理还是一样：对应相乘然后做连加操作。

比如对于一个 2×2 灰度图片，可以想象将所有的元素拉伸为一维数组（当然这样做会失去图像的空间特性），然后进行线性变换，可用以下式子表示，此处省略常数项：

$$Z = \begin{bmatrix} w11 & w12 & w13 & w14 \\ w21 & w22 & w23 & w24 \end{bmatrix} \begin{bmatrix} x1 & x2 & y1 & y2 \end{bmatrix}^T$$

$$= \begin{bmatrix} w11x1 + w12x2 + w13y1 + w14y2 \\ w21x1 + w22x2 + w23y1 + w24y2 \end{bmatrix}$$

这样操作之后就得到一个输出，输出包括两个数字，即可理解为 2 维输出。现实情况中输出会有更多的维度。另外值得一提的是，此处每一行的参数个数与图片的高和宽的乘积一样，其本质就是卷积操作。

1.2.4 神经网络的非线性变换

神经网络使用线性变换可以做非常多的线性操作，但这个世界还有非常多的非线性映射，比如二次函数 x^2，此时就需要通过非线性变换来解决此类问题。

过去非常多的学者为之努力过，并提出了使用激活函数来进行非线性变换。目前常用的激活函数及对应的导数如图 1-3 所示，可以看到其是否有梯度消失或爆炸、饱和等性质，如想直观了解更多的激活函数可参见相关网站[2]。

1.2.5 深层神经网络

前文讲解了神经网络的两个最重要的基本组成单元，即线性变换和非线性变换，使用它们的组合既可以模拟线性变换又可以模拟非线性变换。但世界上有无数函数（线性+非线性），那么怎么去模拟更多的函数呢？答案就是 Deep。

所谓 Deep，其实质就是不断地叠加这种线性和非线性操作，每次操作如果被称为一个网络层，那么叠加很多次这些操作，就形成了所谓的深层网络结构，如图 1-4 所示。

2　https://dashee87.github.io/data%20science/deep%20learning/visualising-activation-functions-in-neural-networks/

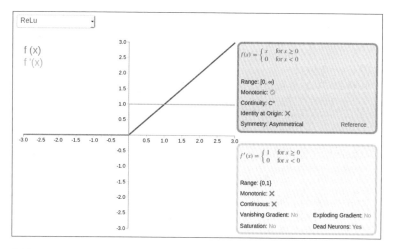

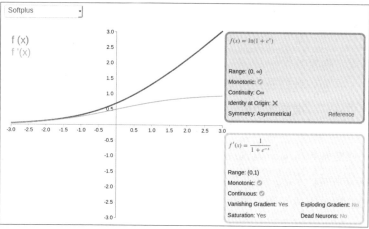

图 1-3 常见激活函数

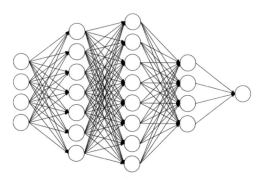

图 1-4 神经网络示意图

假如将线性操作记为 $WX+b$，激活函数（非线性）操作记为 $\delta(x)$，那么线性操作后跟激活函数的结果就是 $a = \delta(WX + b)$，如果后面再跟一个线性操作和激活函数，则输出为 $a^{next} = \delta(W_{now} a^{previous} + b_{now})$。这样通过不断地循环操作，就达到模拟复杂函数的目的。注意每一层的参数 W 和 b 的具体内容一般是不一样的。

神经网络通过修改神经元的个数（影响每层 W 和 b 的参数数量）和网络的层数可以模拟非常多复杂的函数，甚至可以说是可以模拟世界上任意的函数（前提是神经元和网络层数也是无限的）。

1.2.6 神经网络的学习过程

理解了神经网络的组成后，便面临着如何确定这些参数（每层参数矩阵 W 和 b 的具体数值）的问题。

深度学习在很大程度上是学习历史经验，那么要确定神经网络的参数，就需要大量的历史数据来进行训练。

这个过程可形象地理解为学生进行题海战术：给学生很多以前考试出现过的考题，让学生做，做完后与标准答案对照，然后学生根据对错情况进行查漏补缺再学习。通过不断地重复这个过程，学生就能学习很多知识，能做到举一反三，真正考试的时候也能取得好成绩。这些知识就对应着神经网络里的各种参数，神经网络学到这些参数后，就可以对类似的输入进行变换，从而得到"正确的答案"。

这些历史数据就组成了所谓的数据集（dataset），一个数据集包含很多条数据（sample 或 data point），每条数据一般包含问题及答案。对于图像分类来说：问题就是原始图像，答案就是对应的类别。有了这些数据后，神经网络每次做题给出答案就和标准答案进行对比，然后可以得到一个错误指标，其计算可使用 $loss = loss\_fun(output, true\_value)$ 来计算。得到 $loss$ 后，便对其求微分，即 $loss$ 相对于神经网络中各个参数的变化情况，然后使用参数更新算法对参数进行更新（如随机梯度下降法），这就是知识更新的过程。

$$W = W - \eta \frac{\partial loss}{\partial W}$$

通过不断地训练，神经网络就会不断地更新参数，学习新知识，从而达到从历史数据中学到经验教训的目的。

学生学习得好不好，还得经受模拟考试和真正考试的检验，这同样适用于神经网络，所以需要用神经网络在另外一部分它没见过的数据上进行测试，看神经网络是否能够举一反三。在这个过程中会使用训练集上的错误率和测试集上的错误率作对比，来观察学习的效果。这就会出现以下三种情况。

(1) 理想情况：两个数据集上的 loss 变化趋势一样，或差距越来越少，同时降低。

(2) 欠拟合：在训练集上 loss 就非常大，随着时间的推移，甚至越来越大。

(3) 过拟合：训练集上 loss 越来越小，而测试集上 loss 越来越大，即两者间出现了很大的鸿沟。

如图 1-5 所示，一般训练过程都会经历欠拟合、理想和过拟合中的一种或几种情况。

(1) 欠拟合：学生最开始学得差，题海战术中的题都不会做，更别提模拟考试了。

(2) 理想情况：学生在题海战术表现优秀，同样模拟考试也优秀。

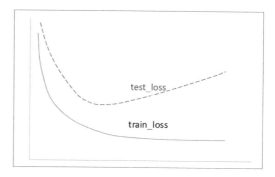

图 1-5 损失函数值变化

(3) 过拟合：学生在题海战术中表现非常优秀，但考试表现很差，出现所谓的背题现象，遇到新题不能举一反三，没有学到真功夫。

神经网络举一反三的这种能力通常被叫作模型（即这个训练好的神经网络）的泛化能力。所以训练神经网络的目标就是训练集上要优秀，测试集上的泛化能力也要好。

1.3 卷积神经网络 CNN

常规神经网络的线性变换操作 WX，可以按如图 1-6 所示进行视觉理解，左边表示参数矩阵，也称权重矩阵 W，假如其为 3×4 矩阵，而输入则为 4×1 的向量，那么按照矩阵乘法，W 每行会和 X 每列的元素分别相乘，然后作连加求和操作，从而输出一个 3×1 的向量。

那么 CNN 是什么呢？其英文全称为 Convolutional Neural Network，中文译为卷积神经网络。下面形象地讲解其结构。

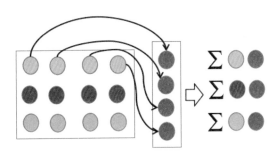

图 1-6 矩阵乘向量

首先,如果将图 1-6 中的输入 X(灰)变换一下形式,比如 2×2 的结构,参数矩阵 W 的每行也变成 2×2 的结构,为了清晰,这里将 W(黄、紫、绿)的三行分开画,便得到图 1-7。

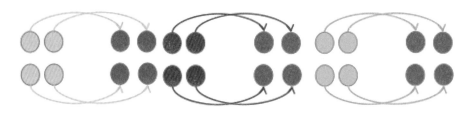

图 1-7 CNN 解析

这样一个 3×4 的二维参数矩阵就可视为一个 $3\times 2\times 2$(或 $2\times 2\times 3$)的三维矩阵,而输入 X 则变为一个 2×2 的矩阵。计算的时候,假设 W 视为 $3\times 2\times 2$,则按箭头所示进行对应元素相乘,然后将结果相加,W 每一层都会得到一个标量,这样综合起来就得到一个 3×1 的矩阵。然而这样变换到底有什么用呢?

细心的读者有没有发现:此时 X 的结构和前面讲的灰度图的矩阵表示结构一样,就是这个道理,只不过真正的灰度图表示为 X 时,黑色圆点更多而已,即像素更多。这种保持空间信息的线性乘法操作就是 CNN 操作,而参数矩阵 W 此时便叫作卷积核。

CNN 会以固定大小的卷积核去扫描整张图片,每次在扫描的小区域内做上述线性变换操作,然后输出一个像素点,对整张图来说会扫描出很多这样的小区域(如 2×2 或 3×3),这样便会输出一张很多像素点组成的特征图,即 feature map。

卷积核最基础的参数如下:

- 核大小
- 输出通道数

- 输入通道数
- 边缘填充数
- 扫描步长

核大小就是图 1-7 中参数矩阵中每行的长 × 宽，即 kernel size，此例中为 2×2，现实中常用的还有 3×3、1×3、3×1、1×1 等。

输出通道数则是图 1-7 中参数矩阵中的行数，此处分别用三种颜色加以区分，即为 3，但现实中输出通道数可能会更多，如 64、128、512 等。

输入通道数一般可由上层输入变量确定，此处为输入变量 X，为一个二维变量的灰度图，所以其输入通道数为 1，但现实的神经网络中经常是上一层的输出会作下一层的输入，所以输入和输出是针对某一层来说的，故输入通道数也有多种多样的变化，如 1、3、32、64 等。

边缘填充就是所谓的 Padding，这是为了捕获边缘信息而产生的手段，一般就是在边缘的一行和列添 0 进行填充。

而步长则是卷积核每次扫描所移动的像素点数，一般有水平和垂直两个方向，步长常用的取值有 1×1 和 2×2。

图 1-8 是一个大小为 3×3、步长为 1×1 的卷积核，在 4×4 的灰度图上的操作，此时作了边缘为 1 的填充，这样经过卷积后输出还是一个 4×4 的 feature map。如果想获得多输出通道，图 1-8 中左边为 3×3×1 的卷积核参数矩阵，第 3 维（1）便是输出通道数，改变这个数值即可。如果步长为 2×2，那么卷积核扫描就会隔一个像素点扫描一次，最后则会输出一个 2×2 的 feature map，形成所谓的下采样操作，即宽高降低（尺寸变小）。

0.1	0.3	-0.5
0.7	0.5	-0.8
-0.4	-0.3	0.9

	0	12	35	24	
	22	33	55	44	
	77	99	54	65	
	78	56	25	45	

图 1-8　带边缘填充的卷积操作

对于卷积操作输入输出尺寸的变化，其实是有一个公式，希望通过上面的阐述，读者会对以下公式有更加直观形象地理解。需要注意，很多教程没有指明 Padding（边缘填充）和 Stride（步长）在不同方向是可以不同的，这可能会给初学者带来迷惑，所以在此将不同方向使用下标标明。当然在真正实践中，这些方向一般会设置为相同大小，但了解其原理对理解其真实操作是非常有必要的。

$$Height_{out} = (Height_{in} - Kernel_{height} + 2 \times Padding_{height}) / Stride_{height} + 1$$
$$Width_{out} = (Width_{in} - Kernel_{width} + 2 \times Padding_{width}) / Stride_{width} + 1$$

以上是对灰度图作卷积操作，那么遇到彩色图片怎么办呢？

其实原理都差不多，只是输入变成了一个三维矩阵。而且在处理灰度图的过程中，如果某一层的输出通道数为3，那这一层的输出本质上和彩色图片作为输入没有区别。从图1-9中可以管中窥豹。

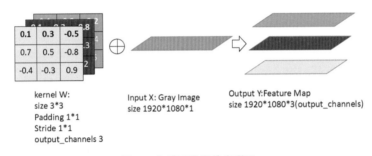

图1-9 灰度图卷积输出彩图

对于一张1920×1080的灰度图，使用一个核大小为3×3（$W_{height} \times W_{width}$）、边缘填充为1×1（$Padding_{height} \times Padding_{width}$）、步长为1×1（$Stride_{height} \times Stride_{width}$）和输出通道数为3（output_channels）的卷积去扫描整张图片，其输出就是一个高和宽不变，但通道数变为3的3维矩阵，此矩阵其实可以看作一张彩色图片。如果后面再接一个卷积层，那么意味着后面的卷积层处理的就是彩色图片了。

对于彩色图片，可以从图1-10中看到，其操作与对灰度图片的操作类似，需要注意的是，此时黄色区域的层数会与输入图片的通道数一致，此时为3，且对应层的参数会与输入对应的通道进行卷积，然后再连加求和，形成最后的黄色输出通道，其他颜色输出通道类似。如果输出通道数为n，那么W可以形象地理解为有n组颜色的参数矩阵，即n×3×3×3。这点与灰度图不同，因为灰度图只有一个通道。

这是常规的CNN操作，但后来有人对彩色通道的这种操作提出了疑问，催生了Xception[3]这种网络模型，有兴趣的读者可查阅相关资料，本书后面也会作简要介绍。

---

3 https://arxiv.org/abs/1610.02357

CNN 中的激活函数与常规网络并无太多出入，都是使用 RELU、Sigmoid 等函数。

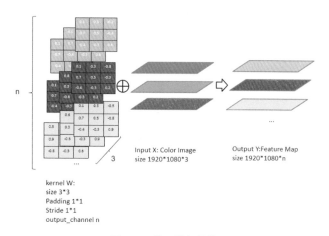

图 1-10 彩图卷积操作

另外，CNN 中还有一类操作，叫作 Pooling，其本质也是卷积操作。不同于常规的线性变换，它只是在相应的区域内提取最大值、最小值或平均值，分别可记为 MaxPooling、MinPooling 和 AvgPooling。取最小值这种操作在真实情况下比较少见，用得较多的是最大值和平均值。

Pooling 常常会用 2×2 的步长，以达到下采样的目的，同时取得局部抗干扰的效果。如图 1-11 所示，当 0.1 变为 0.5 时，其输出还是 0.8，这种便是所谓的局部抗干扰，同时尺寸由 4×4 变为了 2×2。

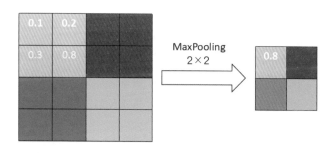

图 1-11 Pooling 操作

CNN 主要结构单元清楚后，便是如何组装这些单元了，最常见的操作就是往深度方向叠加，即将这些子结构串联起来，如图 1-12 所示。

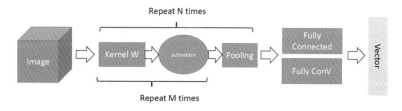

图 1-12 卷积串联组合

这其实也就是 VGG[4] 网络的抽象结构，另外还有残差网络结构 ResNet[5]，以及考虑宽度方向的 Inception[6] 结构，本书后面都会作相关介绍。

CNN 相对于常规的神经网络的优点就是：保持了输入变量的空间特性，同时大大减小神经网络的参数数量，最终得到的效果也非常好。

它通过不断添加网络层的方式达到了层级学习的效果，即每一层都负责学习相关的特征，比如对于 CNN 来说，靠近输入端的网络层会偏向学习点、线、角和面等基础特征；而靠近输出端的网络层则偏向学习图片内容等更加抽象的高级语义特征，此特征对这个输入来说比较独特，而基础特征对于所有输入都比较类似。

通过这样的层层学习，神经网络便学习到了非常好的特征来表达此输入，后面再加入几层全连接层或全卷积网络层，便可以完成分类或其他任务。

所以神经网络一般包含两个部分，前面的特征提取层和后面的任务层，通常这些层会合在一起训练，从而实现从输入到输出的端到端（End to End）训练。

1.4 基础开发环境搭建

本节将简要说明如何快速搭建 Python、OpenCV 平台，其他常用的库还有 NumPy、SciPy、Matplotlib，对于数据科学有更好的工具 Anaconda 或 Miniconda。它们可以用于进行大规模数据处理、预测分析和科学计算，并致力于简化包的管理和部署。

对于 TensorFlow、PyTorch、MXNet、Chainer 等深度学习框架的安装请参考本书第 3 章内容。

本书的环境为 Ubuntu 16.04，GPU 为 Titan Xp，安装可参考对应官方网站，不在此赘述。Anaconda 可以在国内清华镜像[7]下载，这样速度较快，另外也可以下载 Miniconda[8]：

安装参见 Anaconda 官方网站[9]，简要步骤如下：

（1）"bash Anaconda3-5.2.0-Linux-x86_64.sh 或 bash Miniconda3-latest-

---

4 https://arxiv.org/abs/1409.1556
5 https://arxiv.org/abs/1512.03385
6 https://arxiv.org/abs/1602.07261
7 https://mirrors.tuna.tsinghua.edu.cn/anaconda/archive/
8 https://mirrors.tuna.tsinghua.edu.cn/anaconda/miniconda/
9 https://docs.anaconda.com/anaconda/install/linux

Linux-x86_64.sh"安装程序会弹出"In order to continue the installation process, please review the license agreement."对话框选 Enter 查看细节,输入 YES 同意。

(2) 选择安装目录与加入环境变量,一般选 Default 设置即可。

(3) 显示"谢谢安装"对话框,然后执行 source ~/.bashrc 命令。

(4) 设置源以改善以后装包速度,参见相关网站[10],这里主要添加以下源:

```
conda config --add channels https://mirrors.tuna.tsinghua.edu.cn/anaconda/pkgs/free/
conda config --add channels https://mirrors.tuna.tsinghua.edu.cn/anaconda/pkgs/main/
conda config --add channels https://mirrors.tuna.tsinghua.edu.cn/anaconda/cloud/pytorch/
conda config --set show_channel_urls yes
```

(5) 运行 conda install numpy 测试,如报错请上网查找原因。

到此已经安装好了 Python,现在来安装 OpenCV,可以直接执行 pip install opencv-contrib-python(包含更多功能)命令,安装成功后会显示 Successfully installed opencv-contrib-python-3.4.0.14(版本可能不同)类似字段。

1.5 本章总结

本章试着通俗地介绍深度学习与计算机视觉的相关基础概念,并简要介绍了相关基础开发环境的搭建。

介绍了神经网络最基本的组成结构,并引出了卷积神经网络的对应结构,对其内部基础操作进行了阐述。

通过介绍计算机处理视觉任务的逻辑与深度学习的理念,引出了深度学习与计算机视觉任务相结合交叉领域。

本书后面对应章节会针对不同的深度学习介绍其对应的搭建与使用方法,故不在本章赘述。

---

10 https://mirror.tuna.tsinghua.edu.cn/help/anaconda/

第 2 章 OpenCV 入门

OpenCV 的全称为 Open Source Computer Vision（开源计算机视觉），由 Intel 公司的 Gary Bradsky 在 1999 年开始开发，第 1 版发行于 2000 年。它是一款免费的计算机视觉开源软件，由 C/C++ 语言实现，提供了 Python、Java、C++ 等接口，可以操作图像和视频，目前主要有第 2 版和第 3 版两个版本，第 3 版发行于 2015 年，运行更加稳定，性能更好，且部分支持 OpenCL，本书将使用第 3 版，目前第 4 版正处于开发阶段。

OpenCV 含以下几大核心模块。

- 核心函数模块：主要定义高维矩阵基础数据结构以及相应的处理函数。
- 图像处理模块：主要包含线性和非线性滤波（本质就是卷积操作）、几何变换、颜色空间转换和像素统计等功能。
- 视频模块：主要用作视频分析，包含运动预估、背景消除和目标追踪等功能。
- 3D 校准模块：包含多视角算法、相机校准、姿态估计等功能。

- 2D 特征模块：包含显著特征检测、描述等。
- 目标检测模块：进行预定义类的目标检测。

本章将介绍图像处理中最基础的常用操作（主要是读写及几何变换操作），然后简要介绍其人脸和眼睛检测自带算法的使用。

2.1 读图、展示和保存新图

读图、展示和保存主要会用到三个函数，分别为 cv2.imread()、cv2.imshow() 和 cv2.imwrite()。

下面的代码分别给出了使用三个函数进行读图、展示和保存新图的示例。

```
1  import cv2
2
3  image = cv2.imread('test.jpg')
4
5  print(f "width: {image.shape[1]} pixels")
6  print(f "height: {image.shape[0]} pixels")
7  print(f "channels: {image.shape[2]}")
8
9  cv2.imshow("Image", image)
10 cv2.waitKey(0)
11
12 cv2.imwrite("new_image.jpg", image)
```

上述示例中，首先使用 cv2.imread() 来读取图像，可以简单地传入一个图片的地址参数，并返回一个代表图片的 NumPy 数组。它还有第二个参数，表示读取图片返回的形式，有三种选择：cv2.IMREAD_COLOR、cv2.IMREAD_GRAYSCALE 和 cv2.IMREAD_UNCHANGED，其意义可从字面获取，其中 IMREAD_UNCHANGED 表示不变，比如有 alpha 通道，它会读取。alpha 通道的作用是按比例将前景像素和背景像素进行混合，来衡量图像的透明度。另外也可以使用数字来表达读图模式，比如 1、0 或 -1 分别表示 COLOR、GRAYSCALE 和 UNCHANGED。

OpenCV 采用的格式为 H×W×C，即高度 × 宽度 × 通道数，通道顺序为 BGR，这与 Python 的 Pillow 库（RGB）不同。

第 5~7 行程序代码的作用便是获取该图片的高度、宽度和通道数，第 9 行可将图片显示出来，效果如图 2-1 所示，第一个参数为窗口名字的字符串，第二个参数为 OpenCV 读入图片返回的 Numpy 对象，当按下键盘上某个键时，第 10 行会停止图片显示，执行后续语句，数字 0 表示按键后 0 毫秒执行。第 12 行表示保存为新的图片，参数为保存地址和图像对象。

图 2-1 图像展示

2.2 像素点及局部图像

为获取某点的像素，需要有一个简单的坐标概念，以左上角为 (0, 0) 点，即原点，向下向右为正。OpenCV 读图片后返回的是一个 NumPy 矩阵对象，可以使用下标来获取特定坐标的像素值。如 (b, g, r) = image[10, 10] 便可得到相对于左上角距离为 (10, 10) 点的像素值，其中 b、g 和 r 分别代表蓝、绿、红三色，它们组合起来便是某一点的像素值。注意此处使用了 Python 中的 tuple 数据结构，涉及 packing 和 unpacking 的操作，同样也可以改变其值，如 image[10, 10] = (255, 255, 0)。

获取局部图像可以使用 Python 中切片的概念，如 patch1 = image[0:100, 0:100], cv2.imshow("patch1", patch1)，便可显示此局部图像，也可以进行修改，如 image[0:100, 0:100] = (0, 255, 255)，注意所有参考点均为左上角，如图 2-2 所示。

图 2-2 局部图像与修改后的局部图像

2.3 基本线条操作

OpenCV 提供了基本的线条操作，即画线、画矩形、画圆等。此处仅以画圆做展示，其他可参考对应的 API，如 cv2.line()、cv2.circle()、cv2.rectangle()、cv2.ellipse()、cv2.putText() 等等，主要的参数会涉及图像对象、颜色、线形和线条宽度等。可参考官方网站[1]。

```
1  import cv2
2  import numpy as np
3
4  canvas = np.zeros((300,300,3),dtype='uint8')
5
6  for _ in range(0,25):
7      radius = np.random.randint(5,200)
8      color = np.random.randint(0,256,size=(3,)).tolist()
9      pt = np.random.randint(0,200,size=(2,))
10
11     cv2.circle(canvas,tuple(pt),radius,color,-1)
12
13 cv2.imshow('Canvas',canvas)
14 cv2.waitKey(0)
```

第 4 行将生成一个 300×300×3 的全零矩阵，即一张黑色图片，第 6~11 行将画圆圈，7 行将生成半径，8 行将填充颜色，9 行将生成圆的中心点，11 行为传递参数并画圆，重复 25 次，随机生成半径、颜色和中心点，结果如图 2-3 所示。

---

1 https://docs.opencv.org/master/d6/d6e/group__imgproc__draw.html

图 2-3 几何形状作图示例

2.4 平移

平移就是将图片向上下左右进行移动，主要参数为含有方向和距离的平移矩阵，如：

```
M = np.float32([[1, 0, 25], [0, 1, 50]])
shifted_image = cv2.warpAffine(image, M, (image.shape[1], image.shape[0]))
```

M 中的参数 [1,0,25] 表示向 [1,0] 方向移动 25 像素，[0, 1, 50] 意义类似，最终表示将图片向右移动 25 像素，向下移动 50 像素。

2.5 旋转

旋转即以图片某点为圆心，并按某角度顺时针或逆时针旋转，如：

```
(h, w) = image.shape[:2]
center = (w // 2, h // 2)

M = cv2.getRotationMatrix2D(center, 135, 1.0)
Rotated_image = cv2.warpAffine(image, M, (w, h))
```

先获取高度和宽度还有中心点，创建旋转矩阵 M，cv2.getRotationMatrix2D 有三个参数：第一个为旋转时固定的点；第二个为旋转角度；第三个为图片缩放尺度，其中 1 表示保持原图大小。然后进行仿射变换，完成旋转。

2.6 缩放

缩放操作主要为变换图片大小可使用 cv2.resize() 函数，该函数可使用的参数有三个：第一个参数为图像对象，第二个参数为缩放尺寸，第三个参数为插值选项，常用的插值选项有：

```
cv2.INTER_NEAREST
cv2.INTER_LINEAR
cv2.INTER_CUBIC
cv2.INTER_AREA
cv2.INTER_LANCZOS4
cv2.INTER_LINEAR_EXACT
cv2.INTER_MAX
cv2.WARP_FILL_OUTLIERS
cv2.WARP_INVERSE_MAP
```

插值选项的意义可查阅相关资料，以下是缩放操作的简单示例：

```
new_w, new_h = 100, 200
resized_image = cv2.resize(image, (new_w, new_h), interpolation = cv2.INTER_AREA)
```

该示例表示：使用 cv2.INTER_AREA 插值方式，将原图 image 缩放为 100px×200px 的新图 resized_image。

可能有读者对缩放概念的具体操作不是特别清楚，笔者简要说明一下。缩放分为缩小和放大，针对一张图片，缩小就是删除其中某些像素，直接达到需要缩小的目标尺寸，所以存在信息丢失的现象；而放大则是在图像中添加一些像素，使图像变大到目标尺寸。插值就是寻找最优删除或添加像素值的方法。

如图 2-4 所示为一张 3px×3px 的图像放大为 6px×6px 的图像，中间白色区域就需要确定像素值，使用不同的方法，会得到不同的值。

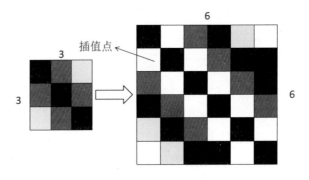

图 2-4 图像放大示意图

2.6.1 邻近插值

邻近插值主要使用前一个点的像素值作为新生成区域的像素值，可用以下示例进行形象理解：首先对列放大，插入前一个列对应点的值；然后对行放大，插入前一行对应点的值。

$$\begin{bmatrix} 10 & 20 & 30 \\ 5 & 6 & 7 \\ 30 & 50 & 70 \end{bmatrix} \Rightarrow \begin{bmatrix} 10 & 10 & 20 & 20 & 30 & 30 \\ 5 & 5 & 6 & 6 & 7 & 7 \\ 30 & 30 & 50 & 50 & 70 & 70 \end{bmatrix} \Rightarrow \begin{bmatrix} 10 & 10 & 20 & 20 & 30 & 30 \\ 10 & 10 & 20 & 20 & 30 & 30 \\ 5 & 5 & 6 & 6 & 7 & 7 \\ 5 & 5 & 6 & 6 & 7 & 7 \\ 30 & 30 & 50 & 50 & 70 & 70 \\ 30 & 30 & 50 & 50 & 70 & 70 \end{bmatrix}$$

2.6.2 双线性插值

双线性插值则使用邻近两点的平均值为新生成区域的像素值，同样示例如下：首先对列放大，插入相邻列对应点的平均值；然后对行放大，插入相邻行对应点的平均值。

$$\begin{bmatrix} 10 & 20 & 30 \\ 5 & 6 & 7 \\ 30 & 50 & 70 \end{bmatrix} \Rightarrow \begin{bmatrix} 10 & 15 & 20 & 25 & 30 \\ 5 & 5.5 & 6 & 6.5 & 7 \\ 30 & 40 & 50 & 60 & 70 \end{bmatrix} \Rightarrow \begin{bmatrix} 10 & 15 & 20 & 25 & 30 \\ 7.5 & 10.25 & 13 & 15.75 & 18.5 \\ 5 & 5.5 & 6 & 6.5 & 7 \\ 17.5 & 22.75 & 28 & 33.25 & 37.5 \\ 30 & 40 & 50 & 60 & 70 \end{bmatrix}$$

对于 OpenCV 而言，官方建议缩小使用 cv2.INTER_AREA，放大使用 cv2.INTER_LINEAR。cv2.INTER_CUBIC 相对较慢，如果不特别指出，cv2.resize 会默认使用 cv2.INTER_LINEAR 插值方式。

2.7 翻转

翻转分为水平翻转和垂直翻转，API 为 cv2.flip()，第二个参数 1 表示水平翻转，0 表示垂直翻转，−1 表示水平加垂直翻转，如 flipped_image = cv2.flip(image, −1)，如图 2-5 所示对不同翻转进行了展示。

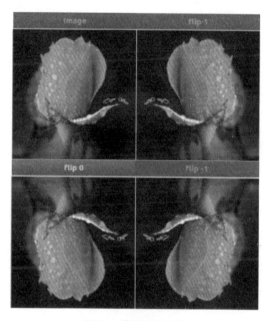

图 2-5 翻转图片示例

2.8 裁剪

裁剪使用 NumPy 中的切片操作即可，即 cropped_image = image[x1:x2,y1:y2]。

2.9 算术操作

对图像做任何操作谨记图像取值范围及数值类型，对于 RGB 来说，值为 [0, 255] 中的一个整数。故当作加减操作时超过 255（如 200+100）或小于 0（如 100−200）时，会出现什么情况呢？

简单测试一下 NumPy 与 OpenCV 的差异:

```
x,y = np.uint8([100]), np.uint8([200])
cv2.add(x,y)                ==>array([[255]], dtype=uint8)
cv2.subtract(x,y)           ==>array([[0]], dtype=uint8)
x+y                         ==>array([44], dtype=uint8)
x-y                         ==>array([156], dtype=uint8)
```

所以 OpenCV 是直接进行了截断操作,而 NumPy 是取模(44=100+200-256,156=100-200+256)。

2.10 位操作

位操作是在灰度图像素级别的布尔运算,下面来看一个例子:

```
rectangle = np.zeros((100, 100), dtype = "uint8")
cv2.rectangle(rectangle, (30, 30), (70, 70), 255, -1)
cv2.imshow("Rectangle", rectangle)

circle = np.zeros((100, 100), dtype = "uint8")
cv2.circle(circle, (50, 50), 25, 255, -1)
cv2.imshow("Circle", circle)

bitwiseAnd = cv2.bitwise_and(rectangle, circle)
cv2.imshow("AND", bitwiseAnd)

bitwiseOr = cv2.bitwise_or(rectangle, circle)
cv2.imshow("OR", bitwiseOr)

bitwiseXor = cv2.bitwise_xor(rectangle, circle)
cv2.imshow("XOR", bitwiseXor)

bitwiseNot = cv2.bitwise_not(circle)
cv2.imshow("NOT", bitwiseNot)

cv2.waitKey(0)
```

运行结果如图 2-6 所示，以上代码主要生成了两张图片：两张图片背景都是黑底，一张图片的图形是白色矩形，另一张图片的图形是白色圆形。然后对两张图片分别做了交集、并集、异或操作，对圆形单独做了一次非操作。

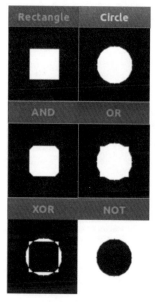

图 2-6 位操作图示例

2.11 Masking 操作

在前面已经看到了像素级的布尔操作，那么它有什么用呢？

此时登场 Masking 操作，即使用 mask（起遮罩效果）可以让我们只关注图像的某一区域，可以称作为感兴趣区域（RoI，Regoin of Interest）。例如人脸识别系统，人脸就是 RoI，一般不关注图片中其他非人脸部分，此时就可以用 mask 来让 OpenCV 只显示有人脸的区域。

从下面的例子可以看出，黑色部分（像素为 0 的区域）被忽略，而白色部分（像素为 255 的区域）显示了出来，主要函数为 cv2.bitwise_and(image, image, mask = mask)，前两个参数为原图（也可不同，但尺寸大小得一样），第三个为 mask，通过它，bitwise_and 只关注 mask 中被打开的区域（此处是值为 255 的区域），此例中只关注矩形区域内，这样便得到最终效果，但这些切片裁剪局部图不太一样，mask 保持了原有的坐标位置信息。

```
# mask.py
import cv2
```

```
import numpy as np

image = cv2.imread('test.jpg')
cv2.imshow("image", image)

mask = np.zeros(image.shape[:2], dtype = "uint8")

(cX, cY) = (image.shape[1] // 2, image.shape[0] // 2)
cv2.rectangle(mask, (cX - 75, cY - 75), (cX + 75 , cY + 75), 255, -1)
cv2.imshow("Mask", mask)

masked = cv2.bitwise_and(image, image, mask = mask)
cv2.imshow("Mask Applied to Image", masked)
cv2.waitKey(0)
```

结果如图 2-7 所示。

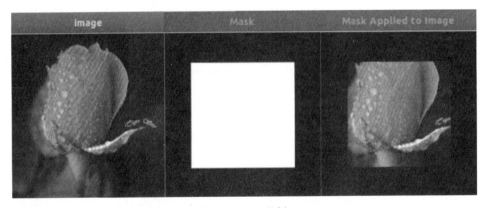

图 2-7 Mask 示例

2.12 色彩通道分离与融合

如果想分离彩色图片的不同通道,然后展示,应该如何操作呢?

下面给出了通道分离与还原的示例,分离主要使用 split 方法,融合则用 merge 方法,结果如图 2-8 所示。

```
import numpy as np
import cv2

image = cv2.imread('test.jpg')
(B, G, R) = cv2.split(image)
merged = cv2.merge([B, G, R])

cv2.imshow("Red", R)
cv2.imshow("Green", G)
cv2.imshow("Blue", B)
cv2.imshow("Merged", merged)
cv2.waitKey(0)
```

图 2-8 通道分离与融合

2.13 颜色空间转换

到现在已经接触了 RGB 颜色空间，此外还有 HSV、L×a×b 等颜色空间。HSV 空间表达比 RGB 表达更加接近人类对色彩的感知，而 L×a×b 比 HSV 更胜一筹。

OpenCV 支持超过 150 种颜色空间，下面展示一些空间转换示例。

颜色空间转换主要使用 cv2.cvtColor 函数，第一个参数为需要进行转换的图像对象，第二个为颜色空间转换形式，常用的有 cv2.COLOR_BGR2GRAY、cv2.COLOR_BGR2HSV 等。其意义顾名思义，不再做详述。所有的颜色空间转换可从官方网站[2]中查询。

```
image = cv2.imread('test.jpg')
cv2.imshow("Original", image)

gray = cv2.cvtColor(image, cv2.COLOR_BGR2GRAY)
cv2.imshow("Gray", gray)

hsv = cv2.cvtColor(image, cv2.COLOR_BGR2HSV)
cv2.imshow("HSV", hsv)

lab = cv2.cvtColor(image, cv2.COLOR_BGR2LAB)
cv2.imshow("L*a*b*", lab)
cv2.waitKey(0)
```

2.14 颜色直方图

颜色直方图是什么呢？简单说它就是图片中像素点的分步，通过统计，可以直观地用曲线表达出哪些像素值多，哪些像素值少。

在 RGB 空间下，可以简单地将值域分为 4 个区间，每个区间代表一个 64px（pixel），即 [0,64)、[64,128)、[128,192)、[192,255] 4 个区间，然后统计图片中所有像素落在这 4 个区间的像素点个数，最后作图展示出来。

OpenCV 使用 cv2.calcHist 方法来计算直方图，参数有 images、channels、mask、histSize 和 ranges。其中，images 为图像列表，如 [image]；channels 为通道索引，比如灰度图为 [0]，彩色图用 [0,1,2]；mask 参数如果提供，则只计算 mask 大于 0 的区域，不使用则传 None 即可；histSize 针对所统计通道设置区间数，如彩色三通道 [8,8,8]；ranges 为像素点值域，对于 RGB，为 [0,256]，其他空间请参考对应值域。

```
import cv2
from matplotlib import pyplot as plt
```

---

2 https://docs.opencv.org/master/d7/d1b/group__imgproc__misc.html

```python
image = cv2.imread('test.jpg')
gray_image = cv2.cvtColor(image, cv2.COLOR_BGR2GRAY)
hist = cv2.calcHist([gray_image], [0], None, [256], [0, 256])

plt.figure()
p1 = plt.subplot(121)
p2 = plt.subplot(122)
#Grayscale Histogram
p1.plot(hist)

chans = cv2.split(image)
colors = ("b", "g", "r")
#Color Histogram "
for (chan, color) in zip(chans, colors):
    hist = cv2.calcHist([chan], [0], None, [256], [0, 256])
    p2.plot(hist, color = color)

plt.show()
```

统计结果如图 2-9 所示。

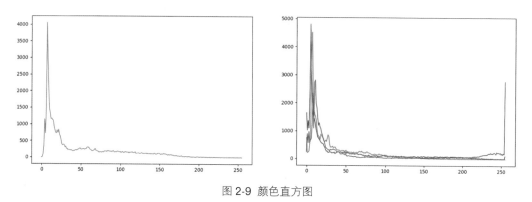

图 2-9 颜色直方图

2.15 平滑与模糊

平滑与模糊即失去焦点，致使看不到图像细节，即像素点与周围的像素点混合了，在边缘检测方面很有用处。常用的平滑方法有均值、高斯、中值、双边，示例如下：

```python
import numpy as np
import cv2

image = cv2.imread('test.jpg')

blurred = np.hstack([
    cv2.blur(image, (3, 3)),
    cv2.blur(image, (5, 5)),
    cv2.blur(image, (7, 7))])
cv2.imshow("Averaged", blurred)

blurred = np.hstack([
    cv2.GaussianBlur(image, (3, 3), 0),
    cv2.GaussianBlur(image, (5, 5), 0),
    cv2.GaussianBlur(image, (7, 7), 0)])
cv2.imshow("Gaussian", blurred)

blurred = np.hstack([
    cv2.medianBlur(image, 3),
    cv2.medianBlur(image, 5),
    cv2.medianBlur(image, 7)])
cv2.imshow("Median", blurred)

blurred = np.hstack([
    cv2.bilateralFilter(image, 5, 21, 21),
    cv2.bilateralFilter(image, 7, 31, 31),
    cv2.bilateralFilter(image, 9, 41, 41)])
cv2.imshow("Bilateral", blurred)
cv2.waitKey(0)
```

代码（如 cv2.blur）中里面的 (3, 3) 参数为卷积核，也可以称为感受野，注意是奇数，均值平滑会在感受野内作平均，感受野越大，平滑效果越好；高斯平滑则使用高斯来求感受野中的像素值的期望，比简单的均值更加自然，GaussianBlur 中第三个参数 0 表示自动计算核大小；中值对去除椒盐噪声十分有用，使用感受野中像素值的中位数；双边平滑通过引入两个高斯分步，在去除噪声与细节的同时保留了边缘信息，但处理速度相对较慢。

通过以上操作，得到如图 2-10 所示的结果。

图 2-10 平滑与模糊示例图

2.16 边缘检测

OpenCV 中的边缘检测方法有 Canny，主要过程包括：平滑降噪，求梯度，非极大值抑制与滞后阈值，详情请查阅相关论文。请看下面的示例。

```
import numpy as np
import cv2

image = cv2.imread('test.jpg')
cv2.imshow("image", image)

blured = cv2.cvtColor(image, cv2.COLOR_BGR2GRAY)
blured = cv2.GaussianBlur(blured, (5, 5), 0)
cv2.imshow("Blurred", blured)

canny = cv2.Canny(blured, 30, 150)
cv2.imshow("Canny", canny)
cv2.waitKey(0)
```

以上代码先将图像转换为灰度图，然后进行平滑操作，最后使用 Canny 算子进行边缘检测，检测结果如图 2-11 所示。

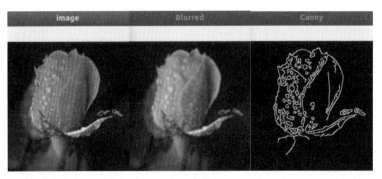

图 2-11 边缘检测示例

OpenCV 除了常规的图像操作外，还有一些常用的机器学习与深度学习算法，本节将选取其中的人脸和人眼检测作示范讲解。

2.17 人脸和眼睛检测示例

OpenCV 也有人脸检测功能，这是属于相对高级的操作。

OpenCV 中的检测功能主要使用 Haar 级联分类器，也有已经预训练好的模型，可以直接调用，如何训练模型请参考官方网站文档。

这种级联分类器会从左到右，从上到下，用不同大小的框去扫描整张图片，即滑窗。滑窗每移动一个像素，分类器便会检测滑窗内是否有人脸。

以下代码是人脸和眼睛的检测示例，其中第 4 行将彩色图转换为灰度图主要是为了提高计算速度。

```
1  import cv2
2
3  image = cv2.imread('test_face.jpg')
4  gray = cv2.cvtColor(image, cv2.COLOR_BGR2GRAY)
5
6  faceCascade = cv2.CascadeClassifier('haarcascade_frontalface_default.xml')
7  faces_rects = faceCascade.detectMultiScale(image,
8              scaleFactor = 1.05,
9              minNeighbors = 5, minSize = (30, 30),
10             flags = cv2.CASCADE_SCALE_IMAGE)
```

```
11
12  eye_cascade = cv2.CascadeClassifier('haarcascade_eye.xml')
13  for (x,y,w,h) in faces_rects:
14      img = cv2.rectangle(img,(x,y),(x+w,y+h),(255,0,0),2)
15      roi_gray = gray[y:y+h, x:x+w]
16      roi_color = img[y:y+h, x:x+w]
17      eyes = eye_cascade.detectMultiScale(roi_gray)
18      for (ex,ey,ew,eh) in eyes:
19          cv2.rectangle(roi_color,(ex,ey),(ex+ew,ey+eh),(0,255,0),2)
20
21  cv2.imshow('image',image)
22  cv2.waitKey(0)
```

以上代码中，cv2.CascadeClassifier(param_file) 分类器接收一个 XML 文件地址参数，此文件可以从官方网站[3]下载，然后就可以使用 detectMultiScale 方法进行目标（人脸）检测。

scaleFactor 表示图片缩放比例，用于对图片进行多尺度金字塔创建，1.05 表示在金字塔层上，逐层减小图片尺寸的 5%；minNeighbors 表示滑窗内需要检测多少个矩形来确认有人脸；minSize 表示最小滑窗的大小，分类器不会考虑比这个值小的滑窗。faces_rects 为代表了有人脸的矩形框，是一个列表，一个矩形框表示为 (x,y,w,h)，x,y 表示左上点坐标，w,h 表示宽高。通过第 14 行循环画出人脸框。

运行结果如图 2-12 所示。

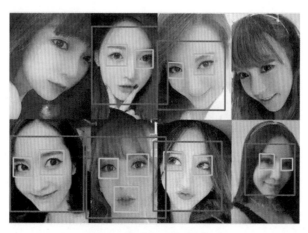

图 2-12 人脸和眼睛检测示例

3　https://github.com/opencv/opencv/tree/master/data/haarcascades

然后可以利用第 12 行生成一个眼睛的分类器，再在每个人脸区域进行眼睛检测，并画出眼睛，展示结果。可以看出该分类器能检测出一些人脸与眼睛，但也有部分失败了。

上述代码中关于眼睛的检测示例代码是在人脸检测成功的情况下才进行眼睛检测，为什么要这样做呢？

简单说来就是因为滑窗是一个非常耗时的操作，从左到右，从上到下，加上不同尺度的滑窗扫描，计算量是非常大的，而正常情况下眼睛是在人脸区域内的，所以与扫描整张图片对比，只扫描有人脸的那个矩形区域，计算量明显会大大减小，有兴趣的读者可以试试扫描整张图片来检测眼睛，这里只给出结果（见图 2-13），读者可以自己练习代码。另外 OpenCV 还训练了其他的检测模型，比如笑脸、上身、下身、车牌、猫脸等，读者可以尝试。

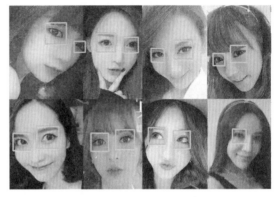

图 2-13 眼睛检测示例

当然对于视频或摄像头也可以用 OpenCV 做类似的操作（cv2.VideoCapture 方法），在视频或摄像头中取一帧就可以得到一张图片，后续操作类似，如果读取视频所有帧或一直循环摄像头便可作人脸和眼睛跟踪，在此不做赘述，以下展示部分代码示例：

```
import cv2

faceCascade = cv2.CascadeClassifier(
'/home/test/opencv/data/haarcascades/haarcascade_frontalface_default.xml')
eye_cascade = cv2.CascadeClassifier(
'/home/test/opencv/data/haarcascades/haarcascade_eye.xml')
camera = cv2.VideoCapture(0)

while True:
    (success, image) = camera.read()

    gray = cv2.cvtColor(image, cv2.COLOR_BGR2GRAY)
    faces_rects = faceCascade.detectMultiScale(image,
        scaleFactor = 1.1,
```

```
                minNeighbors = 5, minSize = (30, 30),
                flags = cv2.CASCADE_SCALE_IMAGE)

    image_copy = image.copy()
    for (x,y,w,h) in faces_rects:
        img = cv2.rectangle(image_copy,(x,y),(x+w,y+h),(255,0,0),2)
        roi_gray = gray[y:y+h, x:x+w]
        roi_color = image_copy[y:y+h, x:x+w]
        eyes = eye_cascade.detectMultiScale(roi_gray)
        for (ex,ey,ew,eh) in eyes:
            cv2.rectangle(roi_color,(ex,ey),(ex+ew,ey+eh),(0,255,0),2)

    cv2.imshow("Face and Eyes", image_copy)

    if not success:
        break
    if cv2.waitKey(1) & 0xFF == ord("q"):
        break

camera.release()
cv2.destroyAllWindows()
```

2.18 本章总结

本章介绍了 OpenCV 对图像的基本操作及部分高级操作，包括平移、裁剪、旋转、Mask 操作以及人脸和眼睛检测等内容。

另外 Python 中的 Pillow 包也有类似的基本操作，对于检测还有一款包叫作 Dlib[4]，功能更加强大，操作更加简单，它支持 C++ 和 Python 接口，官方网站也有很多例子。此外基于 Dlib 开发的 face_recogintion 包[5]，对于人脸及关键点检测也十分方便，官方网站 repo 中示例也很多。

---

[4] http://dlib.net
[5] https://github.com/ageitgey/face_recognition#face-recognition

第 3 章

常见深度学习框架

目前深度学习领域发展很快,涌现出了一大批深度学习框架,本章将对主流框架做一些介绍。

笔者接触到的框架主要有三类:动态框架(命令式编程)、静态框架(符号式编程)以及二者结合的框架。

动态框架的典型代表主要有 Chainer、PyTorch 和 DyNet,静态框架主要代表有 TensorFlow(目前 Google 也致力于在 TensorFlow 中加入动态特性),结合动态和静态优点的下一代框架以 MXNet 为代表。

命令式编程使用编程语句改变程序状态,编写方便且符合直觉但性能相对较差,Python 就是这种类型的编程语言;而符号编程通常在定义好计算流程后才被编译为可执行的程序,然后给定输入获取输出,高效且易移植,这类程序以 C++ 为代表。

Keras 和 Gluon 都是对低层框架的更高级封装,使用起来更加方便,适合进行快速原型开发,如果想对整个系统有更好的控制,低层框架会更加适合。

Theano 于 2017 年 9 月宣布停止维护，所以不建议读者花时间和精力在此框架上。

另外还有 Java 类的深度学习框架 Deeplearning4j，本书不作介绍。

关于 CUDA 安装请参考网上教程[6]，建议使用较新的 CUDA 9.2（笔者使用的是 CUDA 9.1）和 cuDNN 7.1。

虽然框架众多，但总的概念及模型训练流程差异不大，所以建议先吃透一个框架，然后再去研究其他框架的使用方法，这样会轻松许多，思路和概念也不会太乱。

动态框架使用的核心概念为动态图，即边运行边生成计算图，它会在运行过程中记录程序计算历史而非计算逻辑，每次运行过程中计算图都需要重新生成；静态框架使用的核心概念为静态图，即一次性生成计算图并对计算图做优化，计算图是固定的，所有的数据处理逻辑必须存入图中，运行时将一直使用此计算图。

另外现在深度学习应用中常常会用到多 GPU 来提高训练速度，多 GPU 常常包含两种策略：模型并行和数据并行。

模型并行常指模型内部的计算并行，假如模型有 4 层，为了有效利用多 GPU，可以使 GPU 在计算完第二层和第四层后进行通信，达到一份数据在两个模型中同时计算的目的，两个模型都使用了同样的全量批数据。

```
(GPU0) input --+-->layer1-->layer2 --+-->layer3-->layer4--+--> output
               |                     |                    |
(GPU1)         +-->layer1-->layer2 --+-->layer3-->layer4--+
```

而数据并行常指对每个 batch 数据进行分片，分为多个小块数据，每个小块数据放到一个模型中进行计算，即对同一份全量批数据，每个模型的训练只利用其中一部分数据。训练过程中会选取一个主设备，它会收集所有模型根据自己得到的不同的小块数据，计算出的模型参数梯度，得到该 batch 总的模型参数梯度，然后复写到其他模型中，达到所有模型各自完成参数更新的目标，通过这样的方式完成数据并行。

对于计算机视觉来说，训练神经网络的主要流程（监督学习）如下：

（1）带标签的数据准备。

（2）搭建对应的神经网络。

（3）设计损失函数。

（4）将图像转换为矩阵组成批（Batch），送入神经网络中，经过层层计算，得到输出。

---

6 https://docs.nvidia.com/cuda/cuda-installation-guide-linux/index.html

（5）将输出与真值标签运用损失函数算出错误指标 loss。

（6）对 loss 进行链式求导，反传到神经网络中，利用优化算法（如梯度下降法等）进行权重参数更新。

（7）训练到一定程度的时候，取另外一部分带标签的数据进行测试，可得到错误率，准确率等统计数据。

（8）观察训练和测试（loss/accuracy）变化情况，判断是否有过拟合。

训练调参到满意的程度，最后在真正的测试集上再测试一次，如果效果满意便可进行生产部署。

3.1 PyTorch

PyTorch 由 Facebook 于 2017 年开源，支持动态计算图，借鉴了 Chainer 和 Torch，在处理变长输入和输出方面优势明显，比如应用在自然语言处理（NLP，Natural Language Processing）中。PyTorch 目前最新版本为 0.4.0，本书将使用此版本。

安装程序步骤可参考官方网站[1]，本书的编程环境为 Ubuntu1604、Titan Xp（CUDA9.1）、Python3.6.5、Conda 管理包，选择界面如图 3-1 所示，安装命令为：

```
conda install pytorch torchvision cuda91 -c pytorch
```

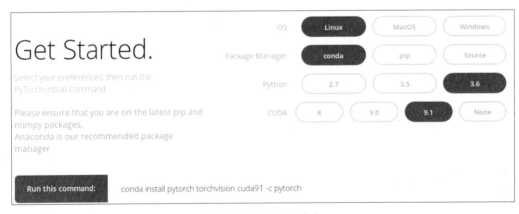

图 3-1 PyTorch 安装命令

---

1 https://pytorch.org/

3.1.1 Tensor

PyTorch 核心概念是动态图、张量（Tensor）及操作。Tensor 可以简单地理解为高维数组，与 NumPy 矩阵类似，带有一定的方法和属性，但 Tensor 可以使用 GPU 加速，一维张量可视为标量，即纯数字，二维张量可视为数组或矩形表（灰度图），三维张量可看作立方体表（彩色图），四维张量如视频，当然还有更高维的张量。

Tensor 的使用请看以下示例：

```
import torch as t

print(t.empty(2,3))        #分配空间，但未初始化
print(t.rand(2,3))         #在 [0,1] 均匀随机初始化

#output
tensor([[-6.0193e+10,  4.5902e-41,  1.3356e-37],
        [ 0.0000e+00,  4.4842e-44,  0.0000e+00]])
tensor([[ 0.3285,  0.3328,  0.3363],
        [ 0.3214,  0.4482,  0.5949]])
```

该示例用于获取 Tensor 的形状，支持两种索引方式 Tensor.size()[i] 和 Tensor.size(i)，两种方式等价，其中 size 的效果类似于 NumPy 中的 shape，见如下示例：

```
print(t.rand(12,13).size())
print(t.rand(12,13).size()[1])
print(t.rand(12,13).size(0))

#output
torch.Size([12, 13])
13
12
```

下面代码以加法为例（减法、乘法、除法等操作类似）说明算术运算的几种方式。可以看到三种加法操作结果一样，但 z3 的操作方法必须先初始化一个目标形状的矩阵，然后才使用关键字 out。另外还可以使用 z4=x.add(y)，此时会将加法结果（一个新的 Tensor）赋值给 z4，修改原值的操作需要加 _，如 x.add_(y)：

```
x,y = t.rand(2,3),t.rand(2,3)
z1 = x + y
z2 = t.add(x,y)
z3 = t.Tensor(2,3)
t.add(x,y,out=z3)
print(z1,z2,z3)

z4 = x.add(y)
print(x)
x.add_(y)
print(x)

#output
tensor([[ 0.8985,  1.1798,  1.0203],
        [ 0.9379,  1.6840,  1.1765]]) tensor([[ 0.8985,  1.1798,  1.0203],
        [ 0.9379,  1.6840,  1.1765]]) tensor([[ 0.8985,  1.1798,  1.0203],
        [ 0.9379,  1.6840,  1.1765]])
tensor([[ 0.4965,  0.7843,  0.2315],
        [ 0.3911,  0.8524,  0.9054]])
tensor([[ 0.8985,  1.1798,  1.0203],
        [ 0.9379,  1.6840,  1.1765]])
```

索引获取即切片与 NumPy 类似，将矩阵的形状重新变换使用 view 操作，类似于 NumPy 中的 reshape 操作，操作要求前后矩阵大小一样：

```
x = t.rand(3,4)
print(x)
print( x[:,2:4])        # 取第 3~4 列，下标从 0 开始
print( x[0:2,:])        # 取第 1~2 行
print( x[0:2,1:3])      # 取 1~2 行，2~3 列相交的区域

#output
tensor([[ 0.1550,  0.3647,  0.6956,  0.4983],
        [ 0.2763,  0.1134,  0.9641,  0.1543],
        [ 0.4749,  0.3128,  0.4133,  0.5369]])
tensor([[ 0.6956,  0.4983],
```

```
        [ 0.9641,  0.1543],
        [ 0.4133,  0.5369]])
tensor([[ 0.1550,  0.3647,  0.6956,  0.4983],
        [ 0.2763,  0.1134,  0.9641,  0.1543]])
tensor([[ 0.3647,  0.6956],
        [ 0.1134,  0.9641]])
```

有时如果想用 NumPy 的操作,但 Tensor 又不支持,怎么办呢?其实它们之间的相互转换操作起来也十分方便快捷,两者矩阵数据存储共享,故一个改变,另一个也会跟随着改变。

下面示例便是如此,这里没有直接对 y 作操作,只对 x 的每个元素加 1,但结果表现为 y 和 x 数值变化一样。从 NumPy 转换为 Tensor 只需调用 from_numpy 方法即可:

```
x = t.rand(2,3)
y = x.numpy()
print(type(x),type(y))
x.add_(1)
print(x,y)
z = t.from_numpy(y)
print(type(z))

#output
<class 'torch.Tensor'> <class 'numpy.ndarray'>
tensor([[ 1.1672,  1.4772,  1.4756],
        [ 1.5880,  1.1556,  1.7043]])
[[1.1671882 1.4771868 1.4756109]
 [1.5880387 1.1556346 1.7043335]]
<class 'torch.Tensor'>
```

Tensor 可以通过 ".to" 方法来将数据移动到其他设备,如 GPU 上,可以直接在某设备上创建 Tensor,需要提前获取设备对象,也可以使用 to(device) 或 to("string") 来转移原有数据到指定设备上并改变数据类型:

```
if t.cuda.is_available():                # 检查是否有 GPU
    device = t.device("cuda")            # CUDA 设备对象
    y = t.ones_like(x, device=device)    # 在 GPU 上创建 Tensor
    x = x.to(device)
```

```
    x2 = x.to("cuda")
    z = x + y
    print(z)
    print(z.to("cpu", t.double))

#output
tensor([[ 1.6168,  1.8657,  1.9190],
        [ 1.0523,  1.0626,  1.0878]], device='cuda:0')
tensor([[ 1.6168,  1.8657,  1.9190],
        [ 1.0523,  1.0626,  1.0878]], dtype=torch.float64)
```

3.1.2 Autograd

PyTorch 中神经网络的核心模块为自动求导模块 Autograd，Autograd 提供了基于 Tensor 的自动微分操作，define-by-run 即边运动边计算，反向传播由运行时决定，即所谓的动态特性。

如果将 Tensor 变量 *w* 的属性 .requires_grad 设为 True，PyTorch 便会在计算时追踪这些变量，经过一系列的运算后，再对最终结果（如 loss）使用 .backward() 方法，那么 PyTorch 便会自动计算出 *loss* 对 *w* 的微分，可以使用 w.grad 查看对应的值。

如果想脱离追踪可使用 .detach() 方法，如果整个计算都不需要计算梯度了，此时可使用 with t.no_grad() 上下文管理语句，在语句块内的计算都不会追踪计算历史，进而没有梯度计算。

Tensor 和 Function 一起会构建一种有向无环图，即计算历史，每个变量会有一个 .grad_fn 属性，此属性指向创建此 Tensor 的一个 Function，如 *c=a+b*，那么 c.grad_fn 就表示前面的加法函数，如果是用户手动创建的变量，那么此值为 None。

调用 backward 方法时注意，如果变量为标量，那么直接使用，无需带参数；如果变量有多个元素，那么需要指定 gradient 参数，形状要与被微分的变量形状一样，示例中 *c* 为 2×3，那么 gradients 形状也应为 2×3，可以看出 *a* 的梯度与 *c* 成两倍关系，符合预期：

```
import torch as t

a = t.rand(2,3, requires_grad=True)
b = t.rand(2,3)
```

```
c = 2*a + b

print(a.grad_fn,b.grad_fn,c.grad_fn)

gradients = t.tensor([[0.1, 1.0, 0.001],
[0.1, 10, 1.0]], dtype=t.float)
c.backward(gradients)
print(a.grad)

#output
None None <AddBackward1 object at 0x7fe5866899e8>
tensor([[  0.2000,    2.0000,    0.0020],
        [  0.2000,   20.0000,    2.0000]])
```

3.1.3 Torch.nn

PyTorch 中还包括神经网络工具包 torch.nn，它已经与 Autograd 集成，所以调用起来十分方便。

对于计算机视觉领域,常用的有卷积 nn.Conv2d 操作(对某块小区域作线性加权平均，再移动小区域，重复这个过程)，池化 nn.MaxPool2d 操作（其实也可以当作一种特殊的卷积，只取最大值，而非常规的加权平均）以及全连接 nn.Linear 操作（即线性变换）。

下面定义了一个简单的卷积神经网络，可以看到 conv1 为一个大小为 3×3 的卷积核，单通道输入经过它会变为 20 通道的输出，经过 F.relu 激活函数，输出大于 0 的将被保留，小于 0 的置 0，pool1 将使宽高减半，重复这个过程，最后经过几个全连接层得到最终结果，这就是一个神经网络。

计算机视觉领域的神经网络一般输入为一个 4 维张量，即：样本数量 × 通道数 × 高度 × 宽度，或者样本数量 × 高度 × 宽度 × 通道数，PyTorch 采用前者格式（N×C×H×W），可以人为制造一些数据，如示例中的 x 表示 3 张 28×28 的灰度图（通道数为 1 对应 conv1 中的输入通道 1，如果 conv1 中输入通道为 3，那么我们就应该用 RGB 彩色图），输出 y 为一个 3×10 的张量，如果说是 30 分类，那么结果就可简单理解为每张图对应着 10 类的概率大小（真正测试时应该做一个 softmax）。

```
import torch as t
import torch.nn as nn
```

```python
import torch.nn.functional as F

class SimpleConvNet(nn.Module):

    def __init__(self):
        super(SimpleConvNet, self).__init__()
        self.conv1 = nn.Conv2d(1, 10, 3)
        self.pool1 = nn.MaxPool2d(2, 2)
        self.conv2 = nn.Conv2d(10, 20, 3)
        self.pool2 = nn.MaxPool2d(2, 2)
        self.fc1 = nn.Linear(512, 128)
        self.fc2 = nn.Linear(128, 10)

    def forward(self, input):
        x = self.pool1(F.relu(self.conv1(input)))
        x = self.pool2(F.relu(self.conv2(x)))
        x = x.view(x.size(0), -1)
        x = F.relu(self.fc1(x))
        x = F.relu(self.fc2(x))
        return x

net = SimpleConvNet()
print(net)

x = t.rand(3,1,28,28)
y = net(x)
print(y)

#output
SimpleConvNet(
    (conv1): Conv2d(1, 10, kernel_size=(3, 3), stride=(1, 1))
    (pool1): MaxPool2d(kernel_size=2, stride=2, padding=0, dilation=1, ceil_mode=False)
    (conv2): Conv2d(10, 20, kernel_size=(3, 3), stride=(1, 1))
    (pool2): MaxPool2d(kernel_size=2, stride=2, padding=0, dilation=1, ceil_mode=False)
    (fc1): Linear(in_features=512, out_features=128, bias=True)
```

```
    (fc2): Linear(in_features=128, out_features=10, bias=True)
  )
tensor([[ 0.0000,  0.0000,  0.0122,  0.0592,  0.0000,  0.1417, 0.0000,
          0.0774,  0.0720,  0.0429],
        [ 0.0000,  0.0000,  0.0128,  0.0541,  0.0000,  0.1348, 0.0000,
          0.0764,  0.0869,  0.0453],
        [ 0.0000,  0.0000,  0.0101,  0.0601,  0.0000,  0.1382, 0.0000,
          0.0710,  0.0659,  0.0549]])
```

得到结果后，再利用损失函数使用真实标签（Ground Truth）算出损失，然后进行微分求导，选用一种优化算法，不断更新神经网络里的参数值，使得更新后的网络得到的 loss 结果尽量小，就完成一次训练。

3.2 Chainer

Chainer[2] 由日本 PFN 公司开发维护，是动态框架的元老，且源码 99% 为 Python 代码，对 Python 用户十分友好，目前 Chainer 最新版本为 5.0.0 beta3，本书将使用 4.2.0 版本。

Chainer 为通用深度学习框架，其中，ChainerCV[3] 更注重计算机视觉方面的学习（最新版本为 0.10.0），另外还有 ChainerRL[4]（强化学习）和 ChainerMN[5]（分步式学习）。

Chainer 的特点是使用动态计算图，报错简单易懂，使用标准的 NumPy 语法，可利用 CuPy[6] 包进行 GPU 加速计算，可以简单地将 CuPy（本书版本为 4.2.0）理解为 GPU 版本的 NumPy。其安装十分简单，可参见相关网站[7]，本书的环境直接使用以下综合命令进行安装：

```
pip install cupy-cuda91 chainer chaienrcv
```

---

2 https://chainer.org/
3 https://github.com/chainer/chainercv
4 https://github.com/chainer/chainerrl
5 https://github.com/chainer/chainermn
6 https://cupy.chainer.org/
7 https://docs.chainer.org/en/stable/install.html

Chainer 与 PyTorch 一样，可以直接使用 Python 的条件和循环控制语句，进行调试也十分方便，而静态框架在这方面相对会难很多。

Chainer 的基本概念主要有 Variables、Link、Function、link、function 等，下面将简要介绍。

3.2.1 Variable

Variable 类似 PyTorch 中的 Tensor，可以向 Variable 传递一个数组。

从下面的示例（使用 IPython）可以看出：Variable 接收一个数组或 NumPy 数组作为参数，返回一个 Variable 对象赋值给 x，x 经过一些运算后（$y=x^2-2$）还是一个 Variable 对象。

Variable 对象有一个 data 属性，保存了真实的数据，同时也有 grad 属性，在此给 grad 赋值为 1 的数组（当 y 的 data 值为标量时，Chainer 会使用默认值 [1]），然后使用 y.bacward() 方法进行自动微分，PyTorch 是使用 y.backward(grad) 这样的操作，但两种 grad 意义不太一样，读者可自行检验。

另外默认情况下 Chainer 会释放中间变量的梯度以减轻内存开销，如需要保留中间变量的梯度，可使用 y.backward(retain_grad=True) 操作，参见下面的示例。

```
In [39]: import numpy as np
In [40]: import chainer
In [41]: from chainer import Variable

In [42]: x_data = np.arange(6).reshape(2,3).astype('f')
In [43]: x = Variable(x_data)
In [44]: x_data
Out[44]:
array([[0., 1., 2.],
       [3., 4., 5.]], dtype=float32)

In [45]: x
Out[45]:
variable([[0., 1., 2.],
          [3., 4., 5.]])
```

```
In [46]: y = x**2 - 2

In [47]: y.data
Out[47]:
array([[-2., -1.,  2.],
       [ 7., 14., 23.]], dtype=float32)

In [48]: y.grad = np.ones((2,3),'f')

In [49]: y.backward()

In [50]: x.grad
Out[50]:
array([[ 0.,  2.,  4.],
       [ 6.,  8., 10.]], dtype=float32)
```

3.2.2 Link 与 Function

Link 类是一个带参数的对象,中文可称为连接,但笔者认为直接用英文更好,不容易混乱。因为在神经网络中主体是带参数的函数,训练神经网络则是优化这些参数,整个神经网络可以看作一个超级大且复杂的函数。所以可以使用 Link 来组装神经网络,Link 是最基本的对象,后面会介绍高级对象 Chain。

神经网络中最常见的是全连接层,即线性操作 Linear,实质上是作 $f(x)=WX+b$ 的线性变换,此时 W、x、b 均为矩阵,W、b 为参数,x 为输入。

以下代码中,第 53 行得到了一个 Link 对象 f,W 和 b 参数为 f 的属性,数据类型为前面介绍的 Variable,可以用 .data 去查看参数对应的矩阵数值。W 默认会随机生成,b 默认初始化为 0:

```
In [52]: import chainer.links as L

In [53]: f = L.Linear(3,4)

In [54]: f.W.data
Out[54]:
array([[ 0.07844846,  0.18396685,  0.6575313 ],
```

```
         [ 0.0285723 , -0.00904928, -0.77943236],
         [-0.02444948,  0.3321923 , -0.112284  ],
         [ 0.0860399 , -0.22148748, -0.00262394]], dtype=float32)

In [55]: f.b.data
Out[55]: array([0., 0., 0., 0.], dtype=float32)
```

然后使用 NumPy 和 Variable 生成一个 Variable 变量 x，经过 f 变换，得到 y，即 57~59 行数值。

值得注意的是 Chainer 所有的操作都是基于 Variable 的，而 PyTorch 则是基于 Tensor 来操作，初学者在这里容易出错，比如直接操作 NumPy 以及后面的 CuPy 是会报错的：

```
In [57]: x = Variable(np.arange(6).reshape(2,3).astype('f'))
In [58]: y = f(x)

In [59]: y.data
Out[59]:
array([[ 1.4990295 , -1.567914  ,  0.10762431, -0.22673537],
       [ 4.258869  , -3.847642  ,  0.69400084, -0.6409499 ]],
      dtype=float32)
```

当然对 L.Linear(3,4) 可以直接简写为 L.Linear(4)，数值 4 为需要输出的维度，Chainer 会自动匹配输入形状，比如 x 维度为 (2,3)，第 60~62 行展示了其自动匹配的过程：

```
In [60]: ff = L.Linear(3)
In [61]: yy = ff(x)

In [62]: yy.data
Out[62]:
array([[ 0.7162133 , -0.21145967, -1.8713953 ],
       [ 2.9122443 ,  2.2254474 , -3.2871754 ]], dtype=float32)
```

在 Chainer 中梯度是累计的，所以训练神经网络时要注意梯度清零，使用 Link.cleargrads() 方法。

```
In [119]: yy.backward()

In [120]: ff.W.grad
```

```
Out[120]:
array([[nan, nan, nan],
       [nan, nan, nan],
       [nan, nan, nan]], dtype=float32)
```

紧接上面的操作，如果不进行 cleargrads，直接使用 backward，那么得到的梯度将是 nan，即 Not a Number，通常认为是无穷大。

执行了 121 行之后再操作 backward 就能得到正确的梯度了，如果再执行一次 backward 会怎样呢？请看第 124~125 行，发现梯度果然变为两倍了：

```
In [121]: ff.cleargrads()
In [122]: yy.backward()

In [123]: ff.W.grad
Out[123]:
array([[3., 5., 7.],
       [3., 5., 7.],
       [3., 5., 7.]], dtype=float32)

In [124]: yy.backward()

In [125]: ff.W.grad
Out[125]:
array([[ 6., 10., 14.],
       [ 6., 10., 14.],
       [ 6., 10., 14.]], dtype=float32)
```

然后再执行梯度清零的操作，再用 backward，梯度又变正常了，参见第 126~128 行。所以如果使用 Chainer 自行编写神经网络，请注意 cleargrads 操作的正确使用方法：

```
In [126]: ff.cleargrads()
In [127]: yy.backward()

In [128]: ff.W.grad
Out[128]:
array([[3., 5., 7.],
       [3., 5., 7.],
       [3., 5., 7.]], dtype=float32)
```

Function 其实与 Link 操作效果类似，差别在于 Function 不带参数，Link 带参数，此处的参数是指神经网络训练过程中需要修改更新的数据。

3.2.3 Chain

关于模型的创建，这里直接介绍复用性更好的类方法，支持 CPU/GPU 迁移，健壮性更好，这些都在 Chainer 中的 Chain 得到很好的支持，是比 Link 更加高级的抽象。

此处使用了两个全连接层，两层之间加了一个 RELU 激活函数，即一种 chainer.functions 对象。

```
from chainer import Chain, ChainList
import chainer.links as L
import chainer.functions as F


class MyChain(Chain):
    def __init__(self):
        super(MyChain, self).__init__()
        with self.init_scope():
            self.l1 = L.Linear(4, 3)
            self.l2 = L.Linear(3, 2)

    def __call__(self, x):
        h = F.relu(self.l1(x))
        return self.l2(h)
```

另外也可以使用 ChainList，这样在 __init__ 函数直接将 Link 以参数形式传入，__call__ 函数调用使用 self[i] 表示第 i 个 Link 操作。

```
class MyChain2(ChainList):
    def __init__(self):
        super(MyChain2, self).__init__(
            L.Linear(4, 3),
            L.Linear(3, 2),
        )
```

```
def __call__(self, x):
    h = F.relu(self[0](x))
    return self[1](h)
```

3.2.4 optimizers

上一小节已经定义好了一个简单的神经网络类,实际使用的时候只需要将其实例化,然后再选择一种优化算法即可,优化算法用来最小化损失函数,此处选用随机梯度下降法 optimizer.SGD()。

优化算法 setup 方法的意义是让优化算法关注所传入 Link 的参数,此处传入的是 model。可以将 model 理解为由很多小的基础 Link 组成的一个复杂的大 Link,可通俗理解为用很多小积木模型搭成大的积木模型,实质上最后还是积木模型。

另外优化算法还有钩子函数(hook functions),它会在梯度计算完毕后,在 Link(或神经网络模型)中的参数更新前执行,比如此时可以使用 add_hook 方法加一个权重衰减项 chainer.optimizer_hooks.WeightDecay(0.0005)。

```
from chainer import optimizers
model = MyChain()
opt = optimizer.SGD().setup(model)
opt.add_hook(chainer.optimizer_hooks.WeightDecay(0.0005))
```

3.2.5 损失函数

接着便是损失函数的选择或定义,Chainer 定义了很多常用的损失函数,也支持自定义。定义好损失函数后就可以训练并使用 opt 优化算法进行参数更新,有以下两种用法:

(1)梯度清零后调用 loss.backward(),再使用 opt.update()。

(2)将损失函数传入 opt.update 方法中,但需要指定损失函数,以及损失函数所接受的参数,示例中自定义了 loss_fun,它会计算两个输入经过神经网络映射后结果的欧式距离。

以下是简单示例:

```
x = np.random.uniform(-1, 1, (2, 4)).astype('f')
model.cleargrads()#clear gradient
```

```
loss = F.sum(model(chainer.Variable(x)))
loss.backward()      # calc gradient
opt.update()         # updata weight

def loss_fun(x1, x2):
    return F.sum(F.square(model(x1)-model(x2)))

input1 = np.random.uniform(-1, 1, (2, 4)).astype('f')
input2 = np.random.uniform(-1, 1, (2, 4)).astype('f')
opt.update(loss_fun, Variable(input1), Variable(input2))
```

3.2.6 GPU 的使用

现在介绍一下 Chainer 中 GPU 的使用，Chainer 使用 CuPy 进行 GPU 矩阵计算。CuPy 实现了 NumPy 的部分功能并且 API 与 NumPy 兼容，这样就更加容易实现兼容 CPU 和 GPU 的代码。

注意 chainer.backends.cuda 会导入 CuPy 中很多重要的功能，在 Chainer 中使 CuPy 可以引用 cuda.cupy，chainer.backends.cuda 在没有安装 CUDA 时也可以使用，当然也可以直接使用 CuPy（但需要安装 CUDA）。

cupy.ndarray 与 numpy.ndarray 类似，前者在 GPU 上计算，后者在 CPU 上计算。

可以使用 cupy.cuda.Device 或 cuda.Device 指定 GPU ID 号（注意是整数），指定在某块 GPU 上生成数据；也可以使用 cuda.to_gpu 方法，传入预先生成 NumPy 数组和 GPU ID；从 GPU 转换到 CPU 设备则可用 cuda.to_cpu，简单易懂，十分友好。部分示例代码如下：

```
import cupy as cp
import numpy as np
from chainer.backends import cuda

with cp.cuda.Device(1): # GPU card 1
    x_on_gpu1 = cp.array([1, 2, 3, 4, 5])

with cuda.Device(2): # GPU card 2
    x_on_gpu2 = cuda.cupy.array([1, 2, 3, 4, 5])
```

```
x_cpu = np.ones((5, 4, 3), dtype='f')
x_gpu = cuda.to_gpu(x_cpu, device=1)
y_cpu = cuda.to_cpu(x_gpu)
```

另外，Chainer 还提供了一些方便快捷选择硬件设备的方法：cuda.get_device_from_id 和 cuda.get_device_from_array。

cuda.get_device_from_id 接收一个整数或 None 参数，当接收 None 时，返回一个 dummy 设备对象，否则返回对应 GPU 设备对象。

cuda.get_device_from_array 接收 CuPy 或 NumPy 数组，当接收 NumPy 数组时，返回 dummy 设备对象，当接收 CuPy 数组时返回对应 GPU 设备对象。

可能读者会疑惑 dummy 设备对象是什么，本书观点，从 NumPy 和 CuPy 之间的关系来看，可以简单地将其视为 CPU 设备对象：从下面的代码可以看到 y_gpu 会自动产生在 x_gpu 的设备上。这样就能写出 CPU/GPU 通用性强的代码，如下面的数值稳定型 softplus 函数。

```
cuda.get_device_from_id(1).use()
x_gpu = cp.empty((4, 3), dtype=cp.float32)

with cuda.get_device_from_id(1):
    x_gpu = cp.empty((4, 3), dtype=cp.float32)

with cuda.get_device_from_array(x_gpu):
    y_gpu = x_gpu + 1

# Stable implementation of log(1 + exp(x))
def softplus(x):
    xp = cuda.get_array_module(x)
    return xp.maximum(0, x) + xp.log1p(xp.exp(-abs(x)))
```

前面简述了数组在 CPU/GPU 设备上的产生，那么关于神经网络模型如何在 CPU/GPU 切换呢？

其实也非常简单，只需要将 Link 和输入变量转移到对应的 GPU 即可，可使用 to_gpu(gpuid) 方法，其实 gpuid 为整数，意为第几块 GPU，注意第一块 GPU 的 ID 为 0，比如实例化了一个网络模型为 model，可以使用 model.to_gpu(1) 让其运行在第二块 GPU 上。

3.2.7 模型的保存与加载

假设现在已经训练好了一个神经网络模型,后期会面临部署的问题,如果每次都是部署的时候临时训练模型,从时间和效益来看,是不可取的,那么怎么保存与加载这个模型呢?

此时便引入了 Serializer 模块,用于保存和加载模型,也可以保存优化算法的状态,以下是简单示例(注意:加载时,需要 model 的网络结构已经定义。):

```
from chainer import serializers
serializers.save_npz('my.model', model)
serializers.load_npz('my.model', model)

serializers.save_npz('my.state', opt)
serializers.load_npz('my.state', opt)
```

3.2.8 FashionMnist 图像分类示例

下面介绍一个完整的图像分类的例子,其主要目的是运用神经网络将一张图片分为某一类,比如猫、狗、人、桌子、电脑等,这些类别都是事先定义好的。这里事先准备多张图片,每张图片给予一个标签,表示这张图片属于哪一类,这些图片与其对应的标签就组成了所谓的数据集 dataset。

用这个 dataset 来训练神经网络,当对其效果满意时,就可以应用到新的图片,去测试新的图片属于哪一类。

在此使用 FashionMnist 数据集[8],它包含 60 000 张训练图片和 10 000 张测试图片,每张图片是像素为 28×28 的灰度图,有 10 个种类(T-shirt、Trouser、Pullover、Dress、Coat、Sandal、Shirt、Sneaker、Bag、Ankle boot),分别用数字 0~9 表示类别。

对于数据集,可以使用官方的函数获取到,也可以自行下载,此处直接调用 chainer 中 datasets.get_fashion_mnist(),得到一个训练集和一个测试集;然后使用 SerialIterator 制作迭代器,它会接收一个 batchsize 参数,表示每次取多少个样本送入神经网络,此处一个样本就是一张图片和它所对应的标签。

然后准备网络模型,并将其传入 L.Classifier 分类器,再转移模型到 GPU 上;然后训练并测试模型并打印结果。

---
[8] https://github.com/zalandoresearch/fashion-mnist

以下代码首先使用了比较原始的方法来说明，但流程清晰，理解了这一块以后，再使用框架自带的工具就会更加得心应手。

```python
# fashion_mnist.py
1  import chainer
2  from chainer import configuration
3  from chainer.dataset import convert
4  from chainer.iterators import MultiprocessIterator, SerialIterator
5
6  import chainer.links as L
7  import chainer.functions as F
8
9  from chainer import training
10 from chainer.training import extensions
11 from chainer import serializers
12
13
14 # Network definition
15 class MLP(chainer.Chain):
16
17     def __init__(self, n_units, n_out):
18         super(MLP, self).__init__()
19         with self.init_scope():
20             # the size of the inputs to each layer will be inferred
21             self.l1 = L.Linear(None, n_units)  # n_in ~> n_units
22             self.l2 = L.Linear(None, n_units)  # n_units ~> n_units
23             self.l3 = L.Linear(None, n_out)    # n_units ~> n_out
24
25     def __call__(self, x):
26         h1 = F.relu(self.l1(x))
27         h2 = F.relu(self.l2(h1))
28         return self.l3(h2)
```

```
29
30  batchsize = 100
31  epochs = 20 # Number of sweeps over the dataset to train
32  gpuid = 1
33  outdir = 'result'
34  unit = 1000
35
36  print(f'# GPU: {gpuid}')
37  print(f'# unit: {unit}')
38  print(f'# Minibatch-size: {batchsize}')
39  print(f'# epoch: {epochs}')
40  print('')
41
```

第 1~11 行是导包的过程，第 15~28 行定义了神经网络，目前只使用了全连接层，第 30~34 行定义了一些常量，如批大小 batchsize，epochs 表示对训练集重复训练多少次，unit 即网络中的 n_units，表示隐藏层的神经元数量。

```
42  # Set up a neural network to train
43  model = L.Classifier(MLP(unit, 10))
44  if gpuid >= 0:
45      # Make a speciied GPU current
46      chainer.backends.cuda.get_device_from_id(gpuid).use()
47      model.to_gpu()  # Copy the model to the GPU
48
49  # Setup an optimizer
50  optimizer = chainer.optimizers.Adam()
51  optimizer.setup(model)
52
53  # Load the Fashion_MNIST dataset
54  train, test = chainer.datasets.get_fashion_mnist()
55  train_count, test_count= len(train), len(test)
56
57  train_iter = SerialIterator(train, batchsize)
58  test_iter = SerialIterator(test, batchsize, repeat=False, shuffle=False)
59
```

```
60     sum_accuracy = 0
61     sum_loss = 0
62
```

第 43~47 行为实例化模型到第一块 GPU，注意第 43 行使用了 L.Classifier，它接收一个参数 net-chain 然后返回一个新的 chain，并且将参数 net-chain 作为返回对象的一个 predictor 属性。第 50~51 行选择了优化算法并将模型与优化算法关联起来。第 54~58 行获取训练集和测试集，并制作了对应的迭代器，其中训练集默认 repeat=True 表示无限循环采样训练集，shuffle=True 表示会随机打乱样本顺序；但对于测试集这些操作不需要，故都设为 False。

第 63 行表示训练的 epoch 小于指定 epochs 时，会一直进行内部训练和测试的循环。第 64 行表示取一个 batchsize 大小的样本，此处使用了迭代器的 next 方法，第 65 行将所取出的批样本进行叠加操作，组成图像矩阵（张量）x 和类别矩阵 t，第 66~67 行将 x 和 t 封装了 Chainer 的 Variable 对象。注意：Chainer 的所有操作都是基于 Variable 的。

第 68 行更新神经网络参数，注意此处 model 隐含了损失函数，具体可查看 L.Classifier 的实现细节与官方网站介绍[9]，这一步的主要操作有：将 x 送入神经网络 mlp 中，然后得到结果 y，再将 y 和 t 用 L.Classifier 中的损失函数 lossfun（实质上是分类的 F.softmax_cross_entropy 函数）进行计算并微分，最后利用优化算法更新网络中的参数。

第 69~70 行进行了损失和准确度的累加计算，此处乘上批样本总数 len(t.data) 的原因是，损失和准确度是进行了平均的，想在训练完一轮（epoch）后查看总的平均效果，故有乘法与累加操作。

第 72~74 行表示如果神经网络在整个训练数据集完成了一个 epoch 训练，就打印出平均每个样本的损失和准确度。

第 76~92 行表示训练完一轮后在测试集上进行测试，sum_loss 与 sum_accuracy 重新置零给测试集用。测试的时候不需要微分与参数更新，故关闭参数更新与自动微分操作（可选，有助减少不必要的计算），分别使用 configuration.using_config('train', False) 与 chainer.using_config('enable_backprop', False)，统计完测试集上的损失与准确度后输出其平均值。注意第 91 行使用了 reset 操作，目的是将所有关于测试集迭代器的状态全部复原，就好像从来没有操作过这个迭代器一样，可以查看源码[10]。第 93~94 行将损失和准确度重新置零供训练集使用。

---

9 https://docs.chainer.org/en/latest/reference/generated/chainer.links.Classifier.html#chainer.links.Classifier
10 https://github.com/chainer/chainer/blob/master/chainer/iterators/serial_iterator.py#L148:14

```
63  while train_iter.epoch < epochs:
64      batch = train_iter.next()
65      x_array, t_array = convert.concat_examples(batch, gpuid)
66      x = chainer.Variable(x_array)
67      t = chainer.Variable(t_array)
68      optimizer.update(model, x, t)
69      sum_loss += float(model.loss.data) * len(t.data)
70      sum_accuracy += float(model.accuracy.data) * len(t.data)
71
72      if train_iter.is_new_epoch:
73          print(f'epoch: {train_iter.epoch}')
74          print(f'train mean loss: {sum_loss / train_count}, accuracy: {sum_accuracy / train_count}')
75          # evaluation
76          sum_accuracy = 0
77          sum_loss = 0
78          # Enable evaluation mode.
79          with configuration.using_config('train', False):
80              # This is optional but can reduce computational overhead.
81              with chainer.using_config('enable_backprop', False):
82                  for batch in test_iter:
83                      x, t = convert.concat_examples(batch, gpuid)
84                      x = chainer.Variable(x)
85                      t = chainer.Variable(t)
86                      loss = model(x, t)
87                      sum_loss += float(loss.data) * len(t.data)
88                      sum_accuracy += (float(model.accuracy.data) *
89                                       len(t.data))
90
91          test_iter.reset()
92          print(f'test mean  loss: {sum_loss / test_count}, accuracy: {sum_accuracy / test_count}')
93          sum_accuracy = 0
94          sum_loss = 0
95
```

```
96 # Save the model and the optimizer
97 print('save the model')
98 serializers.save_npz('{}/mlp.model'.format(outdir), model)
```

如果第 72 行的条件不满足，即在训练集上一轮还未训练完毕，那么将直接进入 while 的下个循环，即再取一个 batchsize 大小的样本集进行训练，不断重复这些过程，直到总的训练轮数达到指定的 epochs，这时所有的训练都已完成。此时便可保存模型，以供后续使用，其使用方法就是先定义一个同样的神经网络，然后将模型加载到内存中（根据实际情况转移至 GPU），然后进行预测，预测时使用 predict 方法，然后做一个 softmax，其中概率最大的就是神经网络认为最可能的类的数字标签，最后作标签、类别和映射，即完成预测。另外注意保证这个 Python 文件同级目录下 outdir 存在，否则保存模型时会报错。

以下是部分屏幕输出结果：

```
#output, 'python fashion_mnist.py'
#====================================#
# GPU: 1
# unit: 1000
# Minibatch-size: 100
# epoch: 20

epoch: 1
train mean loss: 0.46489123719433945, accuracy: 0.8318833323878546
test  mean  loss: 0.4039411845803261, accuracy: 0.8518000000715256
epoch: 2
train mean loss: 0.34661896658440433, accuracy: 0.8726999990145365
test  mean  loss: 0.3580430018901825, accuracy: 0.8689999991655349
...
epoch: 20
train mean loss: 0.13344544799687963, accuracy: 0.9479333351055781
test  mean  loss: 0.38144012935459615, accuracy: 0.898400001525879
save the model
```

3.2.9 Trainer

现在再介绍一下 Chainer 框架对训练和测试进行统一管理的方式。

所有的训练与测试都可以在总管 Trainer 的指挥下统一进行，二级主管为 Updater，Trainer 还管理一些直属机构，叫做 Extension。

在 Updater 的管理下有两个组长 Iterator 和 Optimizer。Iterator 关注的是数据以何种形式取出来，并组成小批 mini-batch；Optmizer 则关注使用数据来计算损失并更新模型参数的训练过程，最终由 Updater 来协调数据与模型参数之间的沟通问题。

Trainer 接收下级 Updater 的报告，然后有权随时终止程序，即使用一个元组，如（max_epochs, 'epoch'）来代表最大循环轮数，另外 Trainer 还指定结果存放的目录，即 out 关键字参数。

Extension 这类机构主要负责做一些测试、统计信息、作图、保存信息或模型等类型的工作，形象的解释为主管可以让他的直接下属（Extension）来检验测试二级部门 Updater 的工作是否到位。整个抽象结构如图 3-2 所示。

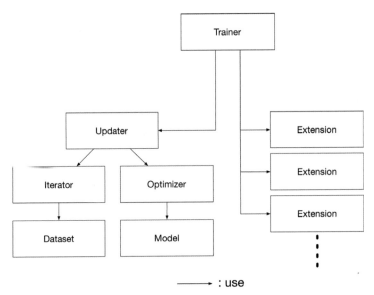

图 3-2 Chainer 结构

具体内容以下面的示例来作解释：

```
1 import chainer
2 from chainer import configuration
3 from chainer.dataset import convert
4 from chainer.iterators import SerialIterator, MultiprocessIterator
```

```
 5
 6 import chainer.links as L
 7 import chainer.functions as F
 8
 9 from chainer import training
10 from chainer.training import extensions
11 from chainer import serializers
12
13
14 # Network definition
15 class MLP(chainer.Chain):
16
17     def __init__(self, n_units, n_out):
18         super(MLP, self).__init__()
19         with self.init_scope():
20             # the size of the inputs to each layer will be inferred
21             self.l1 = L.Linear(None, n_units)  # n_in -> n_units
22             self.l2 = L.Linear(None, n_units)  # n_units -> n_units
23             self.l3 = L.Linear(None, n_out)    # n_units -> n_out
24
25     def __call__(self, x):
26         h1 = F.relu(self.l1(x))
27         h2 = F.relu(self.l2(h1))
28         return self.l3(h2)
29
30
31 batchsize = 100
32 epoch = 20
33 gpuid = 1
34 outdir = 'result'
35 unit = 1000
36
37 # Set up a neural network to train
```

```
38  # Classifier reports softmax cross entropy loss and accuracy at every
39  # iteration, which will be used by the PrintReport extension below.
40  model = L.Classifier(MLP(unit, 10))
41  if gpuid >= 0:
42      # Make a specified GPU current
43      chainer.backends.cuda.get_device_from_id(gpuid).use()
44      model.to_gpu()  # Copy the model to the GPU
45
46  # Setup an optimizer
47  optimizer = chainer.optimizers.Adam()
48  optimizer.setup(model)
49
50  # Load the Fashion-MNIST dataset
51  train, test = chainer.datasets.get_fashion_mnist()
52
53  train_iter = chainer.iterators.SerialIterator(train, batchsize)
54  test_iter = chainer.iterators.SerialIterator(test, batchsize,
55
56  # Set up a trainer
57  updater = training.updaters.StandardUpdater(
58      train_iter, optimizer, device=gpuid)
59  trainer = training.Trainer(updater, (epoch, 'epoch'), out=outdir)
60
61  # Evaluate the model with the test dataset for each epoch
62  trainer.extend(extensions.Evaluator(test_iter, model, device=gpuid))
63
64  # Dump a computational graph from 'loss' variable at the first iteration
65  # The "main" refers to the target link of the "main" optimizer.
66  trainer.extend(extensions.dump_graph('main/loss'))
67
68  # Write a log of evaluation statistics for each epoch
```

```
69    trainer.extend(extensions.LogReport())
70
71    # Save two plot images to the result dir
72    if extensions.PlotReport.available():
73        trainer.extend(
74            extensions.PlotReport(['main/loss', 'validation/main/loss'],
75                                   'epoch', file_name='loss.png'))
76        trainer.extend(
77            extensions.PlotReport(
78                ['main/accuracy', 'validation/main/accuracy'],
79                'epoch', file_name='accuracy.png'))
80
81    # Print selected entries of the log to stdout
82    # Here "main " refers to the target link of the "main " optimizer again, and
83    # "validation " refers to the default name of the Evaluator extension.
84    # Entries other than 'epoch' are reported by the Classifier link, called by
85    # either the updater or the evaluator.
86    trainer.extend(extensions.PrintReport(
87        ['epoch', 'main/loss', 'validation/main/loss',
88         'main/accuracy', 'validation/main/accuracy', 'elapsed_time']))
89
90    # Print a progress bar to stdout
91    trainer.extend(extensions.ProgressBar())
92
93    # Run the training
94    trainer.run()
```

第 1~54 行与上面的例子一样，第 57 行使用了一个更新模块 updater，接收了一个训练集的迭代器、一个优化算法对象和 GPU 索引整数作为参数。第 59 行将 updater 与最大循环轮数，以及输出目录汇总给主管 Trainer 对象。

第 62 行 Trainer 使用直属机构 Extension 添加测试，这相当于前一个文件中的第 79~89 行，这里接收测试集迭代器、模型和 GPU 索引整数作为参数。第 66 行以 main/

loss 为基础构建计算图，并保存到本地。第 69 行为保存统计信息到本地。第 72~79 行对 loss 和 accuracy 的统计信息进行作图并保存到本地。第 86~88 行为在屏幕输出信息。第 91 行使用进度条。

第 94 行表示主管 Trainer 命令开始执行训练、测试和统计各类信息的操作。

屏幕输出如图 3-3 所示，可以看到训练集和测试集的损失都在下降，而准确度都在上升，但这样观察起来还不够直接，此时就可以去 outdir 目录查看 loss 和 accuracy 图像了。

epoch	main/loss	validation/main/loss	main/accuracy	validation/main/accuracy	elapsed_time
1	0.465883	0.446693	0.830083	0.8358	3.31741
2	0.345678	0.360761	0.872083	0.8717	6.39562
3	0.31148	0.338996	0.884567	0.8795	9.36993
4	0.286416	0.344575	0.8927	0.878	12.3875
5	0.26701	0.338823	0.899068	0.8784	15.4244
6	0.255839	0.326451	0.903684	0.8871	18.4446
7	0.240257	0.331269	0.908901	0.8835	21.4405
8	0.22889	0.335617	0.912484	0.8833	24.4458
9	0.217393	0.327336	0.917035	0.8823	27.4382
10	0.205508	0.327622	0.921967	0.8921	30.4586
11	0.195527	0.34705	0.925684	0.8804	33.4409
12	0.18848	0.316599	0.927284	0.8933	36.4598
13	0.179774	0.334497	0.930518	0.8886	39.4642
14	0.173797	0.381695	0.933818	0.8777	42.4457
15	0.163449	0.366455	0.937734	0.8883	45.4463
16	0.156953	0.351444	0.938218	0.8944	48.4361
17	0.154248	0.374845	0.940801	0.8903	51.466
18	0.1472	0.359346	0.942418	0.8955	54.4679
19	0.138847	0.381923	0.946851	0.8888	57.4599
20	0.130215	0.368488	0.949034	0.8942	60.4751

图 3-3 Chainer Trainer 训练输出

可以从图 3-4 中观察到：5 个 epoch 后测试集的 loss 并没有下降得特别快，在 12 个 epoch 后还出现了上升，而训练集的 *loss* 全程一直下降；而对于 accuracy，训练集上一直上升，而测试集上在 6 个 epoch 后，便开始抖动。

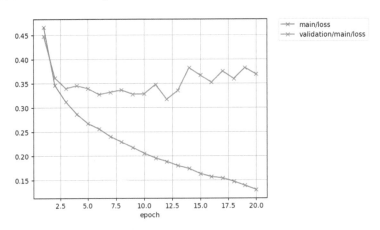

图 3-4 训练集与测试的 loss 和 accuracy 曲线

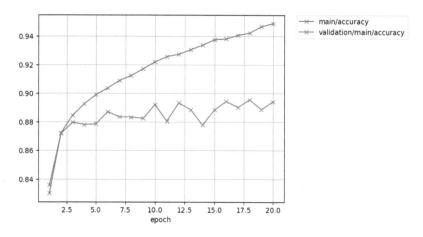

图 3-4 训练集与测试的 loss 和 accuracy 曲线（续）

期望中的结果是这些曲线变化趋势尽量一致，那么出现这种现象的原因是什么呢？

首先，这里使用的是 MLP，即多层全连接网络，它的表达能力其实相对较多，如果采用更强的结构如卷积，那么效果应该会有所提升；其次训练与测试 loss 间隔越来越大说明可能出现了过拟合，网络学习到了过多关于训练集的信息，但实际上这些信息没多大用处，因为它在测试集上表现得越来越差，此时可以采用 Batch Normalization、Dropout、Weight Deay 或 Early Stopping 等操作。

这里有读者可能会觉得奇怪：前面说模型表达能力不强后面又说过拟合，是不是矛盾呢？

其实不然，模型的定义决定了网络的搜索空间，比如让一个小孩子在一个房间 X 里找糖吃，房间里 A、B 两处都有糖，A 处数量少而 B 处数量多。

过拟合指的情况是在此房间 X 中，小孩子运用了所有的训练信息，发现 B 处糖更多一点，小孩很多次都愿意去 B 处找糖吃，而没有能力发现 A 处有更多糖这个事实，即泛化能力差。如果房间 X 旁边还有房间 Y 和房间 Z，可供小孩选择，他的搜索空间就更大了，如果表现不错，他就可以在更多的地方找到糖吃；当然如果表现不佳（过拟合），可能他还一直在 B 处找糖吃。

所以模型的定义可以说决定了模型搜索空间的上限，模型只能在这个限制里去寻找最优的方案；而过拟合则是在这个限制下，模型学到了很多不应该学到的东西，可以简称为噪音。另一个形象理解过拟合的生动的例子就是题海战术，变着花样背题，若考试的时候不会举一反三，遇到没练习过的题仍会束手无策。

Chainer 中也有关于多 GPU 训练的方法，主要利用模型并行或数据并行来训练，其中数据并行操作相对较简单，使用 chainer.training.updaters.ParallelUpdater 类就可以，具体可参见官方网站。ChainerCV[11] 是 Chainer 专门针对计算机视觉开发的库，官方已经提供目标检测算法 YOLO、SSD 和 Faster RCNN 以及图像分割算法 SegNet、PSPNet 和 FCIS。

3.3 TensorFlow 与 Keras

3.3.1 TensorFlow

TensorFlow 由 Google 开源，目前最新版本为 TensorFlow 1.9.0。其安装过程过程可参见官方网站[12]。

本书主要是在 Conda 环境中，直接使用 conda install tensorflow-gpu 即可。

> **注意** 有时 Conda 和 pip 两种安装方式的版本会不一致，一般 pip 版本更新更快一点，此时由于版本不同，所以会采用两次安装的方法，以确保完整地安装各种依赖，这是笔者的个人经验，不一定完全对，首先使用 conda install tensorflow-gpu 安装 1.7.0 版本（最新版本），然后再安装 pip install tensorflow-gpu 1.8.0 版本（Conda 中最新版本为 pip 1.8.0）。为什么这样操作呢？因为以前只安装 pip 1.4 版本的时候，出现了依赖安装不全的问题，当时是 Conda 1.3 版本，使用 conda 安装之后再用 pip 安装就没问题了。

另外 TensorFlow 现在推出了 Eager，它可以使用动态图的概念[13]。

如果出现 cuda 报错，一般是由于 cuda 版本与 TensorFlow 版本不兼容导致，此时要么选择升级 cuda，要么对 TensorFlow 降级，请自行搜索解决方案。

TensorFlow 是一个很大的框架，功能丰富，但也正因如此，初学者学习它的时候会有"乱花渐欲迷人眼"的感觉。TensorFlow 主要也是使用计算图（Graph）表示计算任务，在 Session 中执行计算图，图的节点代表运算操作（Operation 简称 op），图中的边代表节点间传递的张量数据（tensor）。这里的张量数据和 PyTorch 的 Tensor 与 Chainer 的 Variable 概念类似，只是属性和方法可能有些差异。

TensorFlow 使用变量 Variable 维护状态，它的值可以改变，运算前需要执行初始化

---

[11] https://github.com/chainer/ChainerCV
[12] https://www.tensorflow.org/install/?hl=zh-cn
[13] https://github.com/tensorflow/tensorflow/issues/15604

操作。占位符 placeholder 没有特定的值，需要给出形状，在运行时再带入具体的值。

运算操作主要包括基本的加、减、乘、除、指数、对数算术运算以及高级的矩阵变换操作，如卷积、池化、LSTM、GRU 等，一个操作可以接收 0 个或多个张量作为输入，并输出 0 个或多个张量。

TensorFlow 一般会先创建一个计算图，最初的 op 操作不需要输入，如常量，然后传给其他 op，计算输出，再传下去，多次作类似操作，这样便创建好了一个计算图。然后创建 Session 对象，在 Session 对象中执行图的 op 操作，完成计算。最后关闭 Session。

下面是一个简单矩阵乘法的示例，这里简单说明一下代码的意义：第 1~2 行表示使用第一块 GPU，第 3~6 行表示设置 GPU 显存随程序使用增加，在第 14 行使用，如果不设置此处，那么 TensorFlow 会默认使用所有显存。第 9~10 行为创建最起始的 tensor（形状分别为 1×2 和 2×1），第 12 行定义了一个矩阵乘法，第 14 行利用 config 参数使 GPU 使用按需分配，创建了一个 Session 上下文管理块，第 15 行为执行乘法操作，然后再打印输出。

```
1  import os
2  os.environ["CUDA_VISIBLE_DEVICES "] = "0 "
3
4  import tensorflow as tf
5  config = tf.ConfigProto()
6  config.gpu_options.allow_growth = True
7
8
9  x = tf.constant([[10.,20.]])
10 y = tf.constant([[30.],[40.]])
11
12 z = tf.matmul(x,y)
13
14 with tf.Session(config=config) as sess:
15     print(sess.run(z))
```

3.3.2 Keras

Keras 由 Google 工程师 Francois Chollet 开发，属于高级神经网络 API，成长快速，使用简单，有许多预训练模型，后端支持 TensorFlow、CNTK 和 MXNet。

本书只关注 TensorFlow，Keras 发展得非常迅猛，目前已经集成到 TensorFlow 中，但也可以单独使用。最新的 Keras 版本为 2.2.0，目前关于单独使用 Keras 的教程很多，故本书会尽量直接使用最新版本 TensorFlow 中的 Keras 进行示范。其安装过程可参见官方网站[14]。

Keras 的优势是可以快速进行神经网络的原型设计，支持 CNN 和 RNN，进行无缝 CPU/GPU 切换。其核心数据结构为 model，代表了神经网络层的组织方式，有简单的堆叠模式 Sequential()，也有适用于复杂结构的函数式模式 Model()。

1. Sequential 模式

Sequential 方式主要利用 add 方法来添加网络层，其中第一层需要指定 input_shape，即模型所期望的输入尺寸，后续的网络层系统会自动地推算，十分友好。

添加完毕后利用 compile 进行编译，即将模型与损失函数、优化算法及评估标准进行关联，分别使用 loss、optimizer、metrics 关键字传递。

然后将训练集数据以 NumPy 数组结构传入 fit 方法进行训练，x_train 可以表示图片，y_train 可以表示类别所对应的数值标签，epochs 表示在训练集上的训练轮数，batch_size 表示每轮中批训练的样本数大小，每轮的迭代次数为训练样本总数/batch_size，训练时样本一般默认会随机打乱顺序，然后利用 evaluate 在测试集上进行测试，因不是训练，故只需将全部测试样本运行一遍即可，同时无须随机打乱顺序。

最后利用 predict 方法直接进行测试，可以批量传入待测试样本，如图片，可得到每张图片所对应的类，对于分类来说，predict 主要做了网络计算，softmax 归一化，并利用 argmax 的操作获取最大类别下标，对于其他任务，则可查看对应源码实现细节。

以下是一个简单的 Sequential 示例，如果使用独立的 Keras，那么需使用 keras.backend 中 tensorflow_backend 包里的 set_session 进行 GPU 按需分配的设置。

```
1  import os
2  os.environ["CUDA_VISIBLE_DEVICES "] = "0 "
3
4  import numpy as np
5
6  import tensorflow as tf
7  config = tf.ConfigProto()
8  config.gpu_options.allow_growth = True
```

---

[14] https://keras.io

```
 9
10 from tensorflow import keras
11 from tensorflow.python.keras import backend as K
12 K.set_session(tf.Session(config=config))
13
14 from tensorflow.python.keras import layers
15 from tensorflow.python.keras import optimizers as opts
16
17 x_train = np.random.random((1000, 20))
18 y_train = keras.utils.to_categorical(np.random.randint(10, size=(1000, 1)), num_classes=10)
19 x_test = np.random.random((100, 20))
20 y_test = keras.utils.to_categorical(np.random.randint(10, size=(100, 1)), num_classes=10)
21
22 model = keras.models.Sequential()
23
24 model.add(layers.Dense(64, activation='relu', input_dim=20))
25 model.add(layers.Dropout(0.5))
26 model.add(layers.Dense(64, activation='relu'))
27 model.add(layers.Dropout(0.5))
28 model.add(layers.Dense(10, activation='softmax'))
29
30 sgd = opts.SGD(lr=0.01, decay=1e-6, momentum=0.9, nesterov=True)
31 model.compile(loss='categorical_crossentropy',
32               optimizer=sgd,
33               metrics=['accuracy'])
34
35 model.fit(x_train, y_train,
36           epochs=5,
37           batch_size=128)
38 score = model.evaluate(x_test, y_test, batch_size=128)
39
40 print(score)
```

屏幕输出结果如下：

```
#output
Epoch 1/5
Epoch 1/5
1000/1000 [==============================] - 0s 433us/step - loss: 2.4670 - acc: 0.0940
Epoch 2/5
1000/1000 [==============================] - 0s 23us/step - loss: 2.3731 - acc: 0.1050
Epoch 3/5
1000/1000 [==============================] - 0s 25us/step - loss: 2.3471 - acc: 0.0960
Epoch 4/5
1000/1000 [==============================] - 0s 25us/step - loss: 2.3266 - acc: 0.1050
Epoch 5/5
1000/1000 [==============================] - 0s 25us/step - loss: 2.3121 - acc: 0.1000
100/100 [==============================] - 0s 367us/step
[2.3002376556396484, 0.15000000596046448]
```

以上示例中使用了 Dense，它是什么呢？其实就是全连接层，另外 Keras 训练时的输出效果也看着很整洁。

keras.layers 中包含了很多常用的神经网络基本层，各层都支持共同的方法，如 get_weithts 获取权重参数，set_weights 设置权重参数，get_config 获取网络层的配置信息，下面对不同层作简要介绍：

- Dense 层即全连接层，执行的是 Wx+b 的线性变换操作，对参数 W，b 可以使用不同的初始化方法，另外也包含正则化操作。
- Activation 是激活层，它的功能主要是进行非线性变换操作，如 RELU 执行的就是 max(0, x) 的操作，当然还有其他的激活函数，如 sigmoid、softmax、RELU 的各类变形以及 MaxOut 等。
- Dropout 层作用是随机地让一些神经元不起作用，作用效果类似机器学习中的 Ensemble（模型级别），这些是神经元级别。
- Flatten 层执行展开操作，比如图片 Batch、Height、Width、Channels 经过 Flatten 就变为（Batch, Height×Width×Channels）。

- Input 层用于实例化 Keras 的张量数据。
- Reshape 层会对张量的形状进行变换。
- Lambda 层作用是自定义 Layer 对象。
- Conv2D 卷积层，适用于计算机视觉领域，其主要参数有输出的 channel 数、卷积核心大小、移动步长 strides、边缘补齐 padding 等。
- Pooling 层主要有最大池化、平均池化，同时会针对不同维度使用不同接口。

还有许多其他的层，比如用于循环神经网络的基本层 GRU 和 LSTM 等，各层的具体定义和详细参数及使用方法可参见官方网站[15]。

2. 函数式模式

前面介绍了 Sequential 模型的使用方法，它适用于一层一层地按顺序将基础层堆积起来的线性设计，但如果想做跨层或组合操作呢？比如像 ResNet 一样，此时就可以使用函数式 API 来设计网络模型。

通过以下示例可以看到，函数式模式主要是使用 keras.models.Model 来创建神经网络，参数为神经网络的输入张量 a 和输出张量 b，其中张量 a 到张量 b 之间的操作直接由 layers 层构建计算流程，如此处使用了 b = layers.Dense(32)(a)，即 a 经过 Dense(32) 层便得到 b，像函数一样直接传递参数调用即可，这也是函数式 API 名字的由来，生动直观；然后再添加 Dropout 层 b = layers.Dropout(0.5)(b)，这里重复使用变量 b，有个好处是在网络特别大的时候，会节省一些资源开销。

理解了基本的输入到输出的计算后，就可以添加更加复杂的网络层操作如 CNN、RNN 等，注意这些计算应该要串联起来，不能断开，否则网络就在某处断掉，致使计算前后连接不上，输入与输出也就没有对应关系了。

模型中的 compile、train 方法的调用和 Sequential 类模型对应方法一致。

如果是多输入和多输出，操作类似，如输入为 a、b、c 三个张量，输出为 dis_ab、dis_ac 两个张量，这就是图像搜索中相似图像距离的主要输入输出，此时可使用 Model(inputs=[a,b,c], outputs=[dis_ab, dis_ac]) 来构建模型。

```
import os
os.environ["CUDA_VISIBLE_DEVICES "] = "0 "
```

---

[15] https://keras.io/layers/about-keras-layers

```python
import numpy as np

import tensorflow as tf
config = tf.ConfigProto()
config.gpu_options.allow_growth = True

from tensorflow import keras
from tensorflow.python.keras import backend as K
K.set_session(tf.Session(config=config))
from tensorflow.python.keras import layers
from tensorflow.python.keras import optimizers as opts

a = layers.Input(shape=(32,))
b = layers.Dense(32)(a)
b = layers.Dropout(0.5)(b)
model = keras.models.Model(inputs=a, outputs=b)
```

3. 模型保存与加载

当模型经过长时间的训练后，怎样保存和加载以供后续使用呢？此时可使用 model.save(model_file_path) 方法来将模型保存到 HDF5 格式的文件中，它保存了模型的结构、权重参数、训练配置、优化模块状态（允许从上次结束的地方继续训练），然后可使用 keras.models.load_model(model_file_path) 方法重新加载模型。

如果只想保存神经网络的结构，那么可用 model.to_json() 方法和 model.to_yaml() 方法，再使用 keras.models.model_from_json 和 model_from_yaml 重建模型。

对于权重参数则有 save_weights 和 load_weights 操作。

Keras 和动态框架此处有些许不同，动态框架一般会建议只保存权重参数或状态，使用时重新建立一个与训练时一样的网络模型，然后加载权重到模型中，但无论是哪种方式，其实质上的内容是一致的，都主要包括网络模型定义和权重（或加上状态信息，供继续训练）。

Keras 还有其他很多内容，如图像预处理，文本预处理，各种常规的损失函数，常见的评估标准，优化方法等，在此就不一一赘述，各个框架都有类似的东西，笔者的体会是，熟悉一个框架后，再学习其他框架就会轻车熟路。

3.4 MXNet 与 Gluon

3.4.1 MXNet

MXNet[16] 与 Gluon[17] 由李沐[18] 和陈天奇主导的团队开发，获得了 Amazon 的支持，中文社区强大。MXNet 与 Gluon 的关系类似于 TensorFlow 和 Keras 的关系。而且李沐带领他的团队进行视频教学，诚意满满，而且教学内容非常注重工程实际应用，其中文网址为 https://zh.gluon.ai，教学内容由浅入深，初学者和有经验的人士应该都会有不同的收获。安装的话可使用以下语句，当然可以参考官方网站[19] 的其他方法。本书使用的版本为 MXNet 1.2.0。

```
pip install mxnet-cu75 # CUDA 7.5
pip install mxnet-cu80 # CUDA 8.0
pip install mxnet-cu90 # CUDA 9.0
pip install mxnet-cu91 # CUDA 9.1
pip install mxnet-cu92 # CUDA 9.2
```

和其他框架的核心变量一样，MXNet 也有最基本的数据结构，叫做 NDArray，先创建一个 NDArray，然后打印出来，就能观察到它的开关和所使用的设备，其有 shape、size 和 reshape 等类似的属性和方法操作，也支持各类算术运算。

NDArray 数据的保存和读取直接利用 nd.save('filename', nd_variable) 和 nd_variable=nd.load('filename') 即可。NDArray 和 NumPy 的相互转换也十分简单，参考如下代码：

```
from mxnet import nd
import numpy as np

x = nd.arange(15).reshape((3,5))
y = x.asnumpy()      #NDArray~>NumPy
z = nd.array(y)      #NumPy~>NDArray
```

MXNet 计算有自动微分的包 autograd，支持动态计算图，使用 autograd.record() 记录整个计算历史，使用 a.attach_grad() 表示想要计算 a 的梯度，那么系统就会为 a 的梯度分配内存，简单示例如下：

---

[16] https://mxnet.apache.org/
[17] https://mxnet.incubator.apache.org/gluon/
[18] https://www.zhihu.com/people/mli65/activities
[19] https://mxnet.apache.org/install/index.html?platform=Linux&language=Python&processor=GPU

```
from mxnet import autograd, nd

def f(a):
    b = a * 2
    while b.norm().asscalar() < 1000:
        b = b * 2
    if b.sum().asscalar() > 0:
        c = b
    else:
        c = 100 * b
    return c

a = nd.random.normal(shape=1)
a.attach_grad()
with autograd.record():
    c = f(a)
c.backward()
```

3.4.2 Gluon

Gluon 是比较高级的 API，封装了很多实用的方法和类，具体如下所示。

- gluon.nn.(Hybrid)Block：容器类概念，用于构建神经网络。
- gluon.loss：定义了常见损失函数。
- gluon.nn：常见基础网络层。
- gluon.Trainer：训练主管。
- mxnet.optimizer：常见优化算法。
- mxnet.nd：核心变量。

3.4.3 Gluon Sequential

Gluon 也支持像在 Keras 中用 Sequential 进行顺序模型设计的功能。Gluon 中的 Sequential 同样使用 add 方法添加基础操作层，然后初始化权重参数，指定损失函数，由 Trainer 管理员管理优化算法与模型参数之前的沟通问题，然后分小批读取训练数据，记录计算历史，得到损失函数值，执行自动微分，trainer 调用 step(batch_size) 方法进行权重参数更新。

注意这里更新权重参数时使用了 batch_size 这个参数，原因是 loss 未作平均，此处可以使用 $l = loss(net(X), y)$，然后就可以用 trainer.step(1) 进行更新了，其他框架一般在 loss 内部作了平均，示例代码如下：

```
from mxnet import gluon
from mxnet.gluon import nn
from mxnet import init
from mxnet.gluon import loss as gloss

net = nn.Sequential()

net.add(nn.Dense(5))
net.add(nn.Dense(1))

net.initialize(init.Normal(sigma=0.01))
loss = gloss.L2Loss()
trainer = gluon.Trainer(net.collect_params(), 'sgd', {'learning_rate': 0.03})

num_epochs = 3
for epoch in range(1, num_epochs + 1):
    for X, y in data_iter:
        with autograd.record():
            l = loss(net(X), y)
        l.backward()
        trainer.step(batch_size)
    print("epoch %d, loss: %f "
        % (epoch, loss(net(features), labels).mean().asnumpy()))
```

3.4.4 Gluon Block

Gluon 中更加基础和强大的模型设计方法是继承 Block 类，并重新实现 __init__ 和 forward 方法。这与前面的动态框架 PyTorch 和 Chainer 定义类似，用 forward 或 __call__ 方法进行真正的调用计算，比如此处的 net(x)，无需编写反向传播方法，系统会自动生成 backward 方法。当训练好一个模型后，Gluon 使用 save_params 保存模型参数，使用 load_params 加载参数到新定义的同样的网络模型中，达到参数复用的目的，示例代码如下：

```
from mxnet import nd
from mxnet.gluon import nn

class MLP(nn.Block):
    def __init__(self, **kwargs):
        super(MLP, self).__init__(**kwargs)
        self.hidden = nn.Dense(256, activation='relu')
        self.output = nn.Dense(10)

    def forward(self, x):
        return self.output(self.hidden(x))


x = nd.random.uniform(shape=(2,20))
net = MLP()
net.initialize()
print(net(x))

#
# train code
#

net.save_params('mlp.params')

net2 = MLP()
net2.load_params('mlp.params')
```

3.4.5 使用 GPU

MXNet 使用 GPU 的方式和其他框架不太一样，主要通过 mxnet.cpu(cpuid) 和 mxnet.gpu(gpuid) 来指定。每个 NDArray 都有一个 context 属性表示此变量所使用的设备。生成

NDArray 时可使用 ctx 关键字指定使用哪个设备，模型初始化也有些参数。同时也提供了 copyto 和 as_in_context 方法将变量在不同设备间进行传输。

另外需要注意系统会默认要求进行计算的量都在同一设备上，这在其他框架也类似，比如都在第 1 块 GPU 上，示例代码如下：

```
import mxnet as mx
from mxnet import nd
from mxnet.gluon import nn

x = nd.array([1, 2, 3], ctx=mx.gpu()) # GPU 0
x = nd.array([1, 2, 3], ctx=mx.gpu(1)) # GPU 1
x = nd.array([1,2,3]) # CPU

y = x.copyto(mx.gpu(1))
z = x.as_in_context(mx.gpu(1))

net = nn.Sequential()
net.add(nn.Dense(2))
net.initialize(ctx=mx.gpu(1))
```

Gluon 中使用多 GPU 训练只需要在初始化的时候将 GPU 设备按列表方式传入即可，对于数据分片则可使用 split_and_load 方法将数据分割并分配到不同设备上，如这里的数据 gpu0_x 和 gpu1_x，详情可参见官方网站，示例代码如下：

```
net.initialize(init=init.Normal(sigma=0.01), ctx=[mx.gpu(0),mx.gpu(1)])

x = nd.random.uniform(shape=(4, 1, 28, 28))
gpu0_x,gpu1_x = mx.gluon.utils.split_and_load(x, [mx.gpu(0),mx.gpu(1)])
```

3.4.6 Gluon Hybrid

Gluon 结合了动态框架和静态框架的优势，使用了混合编程方式，在开发调试阶段使用命令式编程方式，在部署时则尽量将模型转换为符号式程序来执行。

在 Gluon 中可使用 HybridBlock 或 HybridSequential 来构建此类模型，默认此类模型以命令方式执行，但调用 hybridize 方法后，Gluon 会按符号方式执行，net() 接收一个 Symbol 变量 x，返回一个 Symbol 变量，然后使用 export 保存符号式模型及参数到本地（.json 和 .params 文件），便可移植到其他语言（C++/Scala/Julia/R）和平台上运行，示例代码如下：

```python
from mxnet import nd, sym
from mxnet.gluon import nn
from time import time

net = nn.HybridSequential()
net.add(
    nn.Dense(256, activation="relu"),
    nn.Dense(128, activation="relu"),
    nn.Dense(10))
net.initialize()

x = nd.random.normal(shape=(1, 28*28))
net.hybridize()

y = net(x)

net.export('user_mlp')
```

继承 HybridBlock 需要实现 hybrid_forward 前向计算方法，实现过程中需要使用参数 F，F 可区分系统应该使用 NDArray 类还是 Symbol 类。

默认 F 为 NDArray 类，当使用 hybridize 方法后，F 就变为 Symbol 类，其网络中间的打印语句会被编译优化掉，之后再运行 net(x) 时 MXNet 将直接在 C++ 后端执行符号程序，不再访问 Python 代码，因此也失去了 Python 动态调试的灵活性。

故一般在开发测试阶段使用 Python 语言，在部署时全部或部分将其转换成符号程序，这里的部分转换是指在神经网络中如果有关于输入的条件判断或循环，则不适合做 Hybridize，即 hybrid_forward 不能有这些判断逻辑。另外 Symbol 也不支持 asnumpy 这类操作，示例代码如下：

```python
class HybridNet(nn.HybridBlock):
    def __init__(self, **kwargs):
```

```
            super(HybridNet, self).__init__(**kwargs)
            self.hidden = nn.Dense(512)
            self.output = nn.Dense(10)

    def hybrid_forward(self, F, x):
        print('F: ', F)
        print('x: ', x)
        x = F.relu(self.hidden(x))
        print('hidden: ', x)
        return self.output(x)

net = HybridNet()
net.initialize()

x = nd.random.normal(shape=(1, 1024))
net(x)

net.hybridize()
net(x)
```

3.4.7 Lazy Evaluation

在现实生活中，如果去银行办理业务，会发现有的业务只有一个窗口可以办理，因为这类业务需求较少；而有的业务可以在多个窗口办理，因为这类需求较多。

计算机中也可以达到类似的效果，如果几个计算逻辑间有依赖关系，比如 $c=a+b$，$e=d×f$，$g=c/e$，那么只能得到 c 和 e 之后才能得到 g；而另外一种情况是 c 和 e 之间是没有依赖计算的，即它们可以同时执行，这样就可以达到以空间换时间的效果。

MXNet 默认会使用 lazy evaluation，其意义是计算在被取用的时候才执行，如果想要使某次计算执行完再作其他操作，可以使用 print、wait_to_read、asnumpy、asscalar 方法或 waitall 方法让所有计算完成。

lazy evaluation 实际上是一种空间（内存）换时间的操作策略，而提前执行操作则是时间换空间的策略，在深度学习计算机视觉领域，图像算是一种高密度的数据，所以建议在时间空间方面作一些平衡：如每个 batch 都可使用同步函数操作，比如 print 当前的 *loss*。

3.4.8 Module

MXNet 还有另外一种高级 API 叫 Module，它主要是使用符号方法，有 4 个过程：

（1）定义模型，没有分配显存。

（2）Bind 函数利用数据和标签的 shape 分配显存。

（3）初始化网络参数，选取优化算法。

（4）使用 fit 进行训练。

以下为简单示例代码：

```
import mxnet as mx

net = mx.symbol.Variable('data')
net = mx.symbol.FullyConnected(net, name='fc1', num_hidden=128)
net = mx.symbol.Activation(net, name='relu1', act_type= "relu")
net = mx.symbol.FullyConnected(net, name = 'fc2', num_hidden = 64)
net = mx.symbol.Activation(net, name='relu2', act_type= "relu")
net = mx.symbol.FullyConnected(net, name='fc3', num_hidden=10)
net = mx.symbol.SoftmaxOutput(net, name = 'softmax')

model = mx.mod.Module(net)

model.bind(data_shapes=train_dataiter.provide_data,
        label_shapes=train_dataiter.provide_label)

model.init_params()
train_iter.reset()

model.fit(train_iter, eval_data=eval_iter,optimizer='sgd',
        optimizer_params={'learning_rate':0.01, 'momentum': 0.9},
        eval_metric='acc',num_epoch=10)
```

总的来说，MXNet 非常强大，可谓动静皆宜。

3.5 其他框架

Caffe 是早期十分优秀的计算机视觉框架,以前和现在学术界论文很多都使用它开发,但它不适合文本、声音等类型的深度学习开发;Caffe 2 由 Caffe 原作者在 Facebook 公司时开发,现已融入 PyTorch 中;CNTK 由微软开源,它在分步式领域性能发挥高效。另外还有其他框架,读者可自行研究。

3.6 本章总结

本章着重介绍了几款框架,目前各类框架众多,建议先深入学习一款框架,然后对于其他框架便能触类旁通。主流框架相对于小众框架的优势是社区更加活跃,模型和 Demo 更加丰富,当然"踩坑填坑"更多,结果更加健壮,更新更加频繁。

但就如编程语言一样,各个框架也各有优势劣势,但终究它们都只是人们解决问题的工具,殊途同归,笔者建议熟悉什么就用什么,不必拘泥于某种语言或框架。

第 4 章

图像分类

　　图像分类即 Image Classification，主要解决如何将图像按视觉特点分为不同类别的问题，它是计算机视觉中的基础任务，也是图像检测、语义分割、实例分割、图像搜索等高级任务的根本。

　　图像分类包含了通用图像分类、细粒度图像分类（fine-grained classification）等，通用分类主要解决识别图像上主体类别的问题，如是猫还是狗的问题；细粒度分类则解决如何将大类进行细分类的问题，如在狗这一类别下，识别的是其品种（如吉娃娃、泰迪、松狮、哈士奇等等）的问题。

　　图像分类效果易受视角、光照、背景、形变、部分遮挡等的影响，所以想要做好这一块，现实工程难度仍然不小。

　　传统的图像分类会涉及两个过程：特征和分类。特征是指比图片中原始像素更加高级的信息，它能区分不同类别之间的差异，即用它就可以完成分类任务。比如简单的统计 RGB 或 HSL 值的分步，或利用梯度信息等操作；然后将这些特征与对应的类别信息传入 Random Forest、SVM 等机器学习模型中进行训练，达到分类的效果。

深度学习在图像分类中的应用主要是以卷积神经网络（Conveolution Neural Network，CNN）为代表，主要通过有监督的方法让计算机去学习如何表达某张图片的特征。

2012 年 Hinton 的学生参加 ImageNet 竞赛，使用 AlexNet 进行图像分类一鸣惊人，2013 年出现了 ZFNet，详尽解释了 CNN 的特点，2014 年 VGGNet 将 CNN 的层数大幅提高，且使用可重复叠加的结构块，2015 年 MSRA 的何凯明使用 ResNet 残差网络获得 ImageNet 竞赛冠军，将网络层数提高到了 152 层，且在 Cifar10 数据集提高到了 1202 层。在这些网络技术发展的同时，Google 也提出了 Inception 网络，并获得了 2014 年 ImageNet 竞赛冠军，目前有 4 个版本，VGG 和 ResNet 这种网络研究的是网络深度方向，Inception 则更加关注宽度方向，在同一层整合了不同感受野的信息，提高了输出信息的丰富度。2017 年的时候，ResNext 对 ResNet 进行了改进，利用了卷积分组的概念。另外还出现了 DenseNet 这种关注点在 feature 上的网络，也是一个非常有意思的方向。

目前计算机视觉领域大多优秀的深度学习算法都需要大量的训练数据集，其中最为出名的便是 ImageNet。但在实际工程中，通常只拥有少量的数据样本，此时如果从头训练（随机初始化神经网络参数），过拟合是大概率事件。

由于 CNN 在靠近输入的网络层会提取比较基础的特征，如边缘、点、面等，而在靠近输出的网络层会提取比较高级的语义特征，如猫、花等，参见 CNN 网络可视化论文 [1]，因此便可使用 Fine-Tune 技术来部分解决样本数据少的问题。

Fine-Tune 主要过程是利用在大数据集上训练的网络参数来作初始参数，这样便可以得到比较好的初始结果，省去了大量的训练时间和对大量样本的需求，然后修改网络的最后一层或添加新层，重新随机初始化这几层的参数，最后再固定网络中的某些层的参数，在新的实际应用的数据集上训练并只更新其他层的参数。

本章将简要分析 VGG、ResNet、Xception 和 DenseNet，并举一些示例来说明。

1　http://arxiv.org/pdf/1311.2901.pdf

4.1 VGG

4.1.1 VGG 介绍

VGG 网络[2]结果由牛津大学的学者提出，它主要使用了 3×3 的卷积和 2×2 的池化操作的重复结构，串联起来便可达到使网络的层数更多，计算量更少的效果。

其中 VGG16 的结构如图 4-1 所示，其中蓝色部分均为 3×3 的卷积操作，只是输出通道数不同，后跟 Max Pooling 操作减半平面空间尺寸，最后跟了三层全连接层。

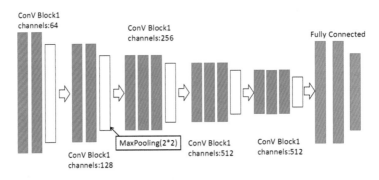

图 4-1 VGG16 结构示意图

一般就感受野来说：两个 3×3 卷积的效果相当于一个 5×5 卷积，三个 3×3 卷积的效果相当于一个 7×7 卷积，感受野越大，后层单个神经元反向传播时对前层的影响范围就越大。

常见的 CNN 结构一般为：输入 ~> [[卷积 ~> 激活函数]×N ~> 池化]×M ~> [全连接 ~> 激活]×K ~> 全连接，N 个卷积 + 激活 + 池化构成一个子网络，通过叠加这个子网络达到增强整个网络表达能力的效果，接着再跟上几组全连接加激活的子网络，最后进行一次全连接 +softmax（对于二分类使用 sigmoid）。这样就可以使网络模块化，搭建网络就像搭积木一样简洁。

在动态框架中搭建 VGG 十分简单，详情可分别参见对应框架的以下教程：

https://zh.gluon.ai/chapter_convolutional-neural-networks/vgg-gluon.html

https://docs.chainer.org/en/stable/examples/cnn.html

https://github.com/pytorch/vision/blob/master/torchvision/models/vgg.py

---

2 https://arxiv.org/pdf/1409.1556.pdf

4.1.2 MXNet 版 VGG 使用示例

此处可以用加州理工的数据集 Caltech_256，并在每个类别抽取 10 张图片，重新调整图片大小为 256×256 并利用 MXNet 官方提供的脚本制作 rec 文件；到官方网站[3] 下载对应的模型文件和参数文件，此处使用的是 VGG16。

编写以下 bash 脚本，其中 img2rec 文件需要改为读者所用的环境中的路径，执行 bash deal_caltech.sh，就会进行下载数据集、模型结构与参数，并作前述提取操作。

```
wget http://www.vision.caltech.edu/Image_Datasets/Caltech256/256_ObjectCategories.tar
    tar -xf 256_ObjectCategories.tar

    mkdir -p caltech_256_train_10
    for i in 256_ObjectCategories/*; do
        c=`basename $i`
        mkdir -p caltech_256_train_10/$c
        for j in `ls $i/*.jpg | shuf | head -n 10`; do
            mv $j caltech_256_train_10/$c/
        done
    done
```

在命令行执行以下命令：

```
python ~/miniconda3/lib/python3.6/site-packages/MXNet/tools/im2rec.py --list --recursive caltech-256-10-train caltech_256_train_10/
    python ~/miniconda3/lib/python3.6/site-packages/MXNet/tools/im2rec.py --resize 256 --quality 90 --num-thread 16 caltech-256-10-train caltech_256_train_10/
    python ~/miniconda3/lib/python3.6/site-packages/MXNet/tools/im2rec.py --list --recursive caltech-256-10-val 256_ObjectCategories/
    python ~/miniconda3/lib/python3.6/site-packages/MXNet/tools/im2rec.py --resize 256 --quality 90 --num-thread 16 caltech-256-10-val 256_ObjectCategories/

    wget http://data.MXNet.io/models/imagenet/vgg/vgg16-symbol.json
    wget http://data.MXNet.io/models/imagenet/vgg/vgg16-0000.params
```

3　http://data.MXNet.io/models/imagenet

接着编写训练文件 train.py:

```
1  import mxnet as mx
2  import logging
3  head = '%(asctime)-15s %(message)s'
4  logging.basicConfig(level=logging.DEBUG, format=head)
5
6  num_classes = 256
7  batch_size = 16
8  #gpuid = 0
9
10 train = mx.io.ImageRecordIter(
11     path_imgrec        = './caltech-256-100-train.rec',
12     data_name          = 'data',
13     label_name         = 'softmax_label',
14     batch_size         = batch_size,
15     data_shape         = (3, 224, 224),
16     shuffle            = True,
17     rand_crop          = True,
18     rand_mirror        = True)
19 val = mx.io.ImageRecordIter(
20     path_imgrec        = './caltech-256-100-val.rec',
21     data_name          = 'data',
22     label_name         = 'softmax_label',
23     batch_size         = batch_size,
24     data_shape         = (3, 224, 224),
25     rand_crop          = False,
26     rand_mirror        = False)
27
28 sym, arg_params, aux_params = mx.model.load_checkpoint('vgg16', 0)
29
30 all_layers = sym.get_internals()
31 net = all_layers['relu6_output']
32 net = mx.symbol.FullyConnected(data=net, num_hidden=num_classes, name='new_fc1')
33 net = mx.symbol.SoftmaxOutput(data=net, name='softmax')
34 new_args = dict({k:arg_params[k] for k in arg_params if 'new_fc1' not in k})
```

```
35
36
37 ctx = [mx.gpu(0), mx.gpu(1)] # using 2 GPU
38 mod = mx.mod.Module(symbol=net, context=ctx)
39 mod.fit(train, val,
40     num_epoch=18,
41     arg_params=new_args,
42     aux_params=aux_params,
43     allow_missing=True,
44     batch_end_callback = mx.callback.Speedometer(batch_size, 10),
45     kvstore='device',
46     optimizer='sgd',
47     optimizer_params={'learning_rate':0.001},
48     initializer=mx.init.Xavier(rnd_type='gaussian', factor_type= "in", magnitude=2),
49     eval_metric='acc')
50 metric = mx.metric.Accuracy()
51 mod_score = mod.score(val, metric)
52 print(mod_score)
```

其最后执行结果如下：

```
2018-06-07 18:57:01,114 Epoch[16] Batch [10]    Speed: 161.20 samples/sec  accuracy=0.960227
2018-06-07 18:57:02,098 Epoch[16] Batch [20]    Speed: 162.73 samples/sec  accuracy=0.987500
2018-06-07 18:57:03,093 Epoch[16] Batch [30]    Speed: 160.81 samples/sec  accuracy=0.968750
2018-06-07 18:57:04,082 Epoch[16] Batch [40]    Speed: 161.76 samples/sec  accuracy=0.975000
2018-06-07 18:57:05,078 Epoch[16] Batch [50]    Speed: 160.63 samples/sec  accuracy=0.981250
2018-06-07 18:57:06,076 Epoch[16] Batch [60]    Speed: 160.44 samples/sec  accuracy=0.987500
2018-06-07 18:57:07,071 Epoch[16] Batch [70]    Speed: 160.85 samples/sec  accuracy=0.987500
```

```
2018-06-07 18:57:08,064 Epoch[16] Batch [80]     Speed: 161.02 samples/sec  accuracy=0.981250
2018-06-07 18:57:09,044 Epoch[16] Batch [90]     Speed: 163.44 samples/sec  accuracy=0.981250
2018-06-07 18:57:10,031 Epoch[16] Batch [100]    Speed: 162.02 samples/sec  accuracy=0.987500
2018-06-07 18:57:11,027 Epoch[16] Batch [110]    Speed: 160.66 samples/sec  accuracy=0.987500
2018-06-07 18:57:12,034 Epoch[16] Batch [120]    Speed: 159.00 samples/sec  accuracy=0.981250
2018-06-07 18:57:13,026 Epoch[16] Batch [130]    Speed: 161.29 samples/sec  accuracy=0.987500
2018-06-07 18:57:14,033 Epoch[16] Batch [140]    Speed: 158.87 samples/sec  accuracy=0.981250
2018-06-07 18:57:15,021 Epoch[16] Batch [150]    Speed: 161.96 samples/sec  accuracy=0.981250
2018-06-07 18:57:16,026 Epoch[16] Batch [160]    Speed: 159.26 samples/sec  accuracy=0.993750
2018-06-07 18:57:16,026 Epoch[16] Train-accuracy=0.993750
2018-06-07 18:57:16,026 Epoch[16] Time cost=16.045
2018-06-07 18:58:02,746 Epoch[16] Validation-accuracy=0.603359
2018-06-07 18:58:03,766 Epoch[17] Batch [10]     Speed: 161.05 samples/sec  accuracy=0.965909
2018-06-07 18:58:04,811 Epoch[17] Batch [20]     Speed: 153.26 samples/sec  accuracy=0.962500
2018-06-07 18:58:05,770 Epoch[17] Batch [30]     Speed: 166.86 samples/sec  accuracy=0.981250
2018-06-07 18:58:06,766 Epoch[17] Batch [40]     Speed: 160.57 samples/sec  accuracy=0.987500
2018-06-07 18:58:07,764 Epoch[17] Batch [50]     Speed: 160.34 samples/sec  accuracy=0.975000
2018-06-07 18:58:08,766 Epoch[17] Batch [60]     Speed: 159.72 samples/sec  accuracy=0.981250
2018-06-07 18:58:09,770 Epoch[17] Batch [70]     Speed: 159.42 samples/sec  accuracy=1.000000
2018-06-07 18:58:10,754 Epoch[17] Batch [80]     Speed: 162.63 samples/sec  accuracy=0.975000
```

```
    2018-06-07 18:58:11,750 Epoch[17] Batch [90]     Speed: 160.75
samples/sec  accuracy=0.987500
    2018-06-07 18:58:12,733 Epoch[17] Batch [100]    Speed: 162.70
samples/sec  accuracy=0.987500
    2018-06-07 18:58:13,724 Epoch[17] Batch [110]    Speed: 161.59
samples/sec  accuracy=0.993750
    2018-06-07 18:58:14,723 Epoch[17] Batch [120]    Speed: 160.15
samples/sec  accuracy=0.993750
    2018-06-07 18:58:15,734 Epoch[17] Batch [130]    Speed: 158.31
samples/sec  accuracy=0.993750
    2018-06-07 18:58:16,709 Epoch[17] Batch [140]    Speed: 164.10
samples/sec  accuracy=0.993750
    2018-06-07 18:58:17,711 Epoch[17] Batch [150]    Speed: 159.70
samples/sec  accuracy=0.993750
    2018-06-07 18:58:18,705 Epoch[17] Batch [160]    Speed: 160.97
samples/sec  accuracy=0.975000
    2018-06-07 18:58:18,705 Epoch[17] Train-accuracy=0.975000
    2018-06-07 18:58:18,705 Epoch[17] Time cost=15.959
    2018-06-07 18:59:05,529 Epoch[17] Validation-accuracy=0.596925
[('accuracy', 0.5969606164383562)]
```

可以看到模型学习到了知识，但在测试集上的 accuracy（分类准确率）不够高，出现这种情况需要从多方面考察原因，读者可以自行尝试不同的方法。

4.2 ResNet

4.2.1 ResNet 介绍

一般情况下，随着模型深度的加深，学习能力会增强，错误率应该更低才对，即表现应该更好，但到一定程度的时候，错误率却增加了，这就是所谓的退化问题，其原因可归根于优化难题，即模型越复杂，SGD 优化越难。

针对这个问题，ResNet 作者提出了"残差结构"理论，如图 4-2 所示。官方论文分为第一版[4]和第二版[5]，即输入 X 经过 N 层网络之后输出 Y，然后再将 X 和 Y 作对应元素相加，这样就结合了原始 X 的信息，形成一个残差块。这个操作不会增加网络的参数和计算量，但可以加速训练和提高训练的效果，且当模型加深后，能很好地解决退化问题。

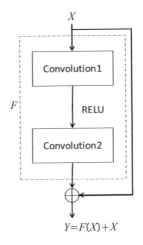

图 4-2 跨层连接

目前主流框架都有预训练的模型，从头实现也有很多教程。比如对于 Chainer，很少的代码就实现的 ResNet152 层，可参见相关网站[6]；官方网站实现的 ResNet 代码量也不大，可参见相关网站[7]，要求用户自己下载模型权重，Chainer 官方支持的有 ResNet 50、ResNet 101 和 ResNet 152。

对于 PyTorch，官方支持的层数种类更多，不需要用户自己手动下载模型参数，详情可见相关网站[8]，它包含 ResNet 18、ResNet 34、ResNet 50、ResNet 101 和 ResNet 152。

目前 Keras 版本官方的只有 ResNet 50，对于 MXNet-GLuon 系统来说，Gluon 支持的模型是最为丰富的，包括作者改进的第二版 ResNet，可见相关网站[9]。

4.2.2 Chainer 版 ResNet 示例

在此将使用 Chainer 这个轻量级的框架作示范。首先将要分类的图片统一按类别

4　https://arxiv.org/pdf/1512.03385.pdf
5　https://arxiv.org/abs/1603.05027
6　https://docs.chainer.org/en/stable/examples/cnn.html
7　https://github.com/chainer/chainer/blob/v4.0.0/chainer/links/model/vision/resnet.py
8　https://github.com/pytorch/vision/blob/master/torchvision/models/resnet.py
9　https://mxnet.incubator.apache.org/api/python/gluon/model_zoo.html

存放，像下面这种结构，且所有图片预处理为宽高尺寸相同。此处有三种类别，分别为 coat、dress 和 trousers，在这三个目录中，可放对应真实的图片，如 coat/hdjk.jpg 和 dress/893kd.jpg。

```
train_images
├── coat
├── dress
└── trousers
```

然后使用以下代码实现图片路径与类别 ID 的一一对应，并保存在一个叫 train.txt 的文件中。执行 python make_traintxt.py abspath/train_images/ 即可得到结果，注意图片目录路径后需要有符号 "/"，不然后期 Chainer 制作 Dataset 时会出错：

```
# make_traintxt.py
1  import os
2  import sys
3  import shutil
4  from PIL import Image
5  from tqdm import tqdm
6
7  #labels
8  labels = os.listdir(sys.argv[1])
9
10 #make dataset.txt: relative_path classNo
11 traintxt = open('train.txt','w')
12 labelsTxt = open('labels.txt','w')
13
14 for classNo,label in enumerate(labels):
15     currentdir = os.path.join(sys.argv[1], label)
16     images = [os.path.join(currentdir,f).replace(sys.argv[1],'') for f in os.listdir(currentdir)]
17     print(label)
18     labelsTxt.write(f'{label}\n')
19     for image in tqdm(images):
20         try:
21             traintxt.write(f'{image}\t{classNo}\n')
22         except BaseException as e:
```

```
23                    print(image,e)
24                    continue
25
26 traintxt.close()
27 labelsTxt.close()
```

第 8 行为获取类别列表，第 15~16 行为获取某一特定类别下所有图片的相对路径（相对于 train_images），第 19 行使用 tqdm 获取进度条展示，第 21 行写入图片相对路径及类别数字 ID，另外同时将类别标签保存到 labels.txt 文件中。通过以下命令可查看对应内容：

```
$ cat labels.txt
dress
trousers
coat
$ tail train.txt
coat/1014885_1.jpg      2
coat/1036625_4.jpg      2
coat/1080698_2.jpg      2
coat/1091798_2.jpg      2
coat/1081021_1.jpg      2
coat/948571_1.jpg       2
coat/1071584_3.jpg      2
coat/1018408_2.jpg      2
coat/1226635_2.jpg      2
coat/1195450_2.jpg      2
```

接下来编写模型及训练的文件，代码如下：

```
1 import chainer
2 import chainer.links as L
3 import chainer.functions as F
4 from chainer.training import extensions
5
6 class FineTune(chainer.Chain):
7     def __init__(self, class_labels=1000):
8         super(FineTune, self).__init__()
9
```

```
10          with self.init_scope():
11              self.base = L.ResNet50Layers()
12              self.fc6 = L.Linear(None, 4096)
13              self.fc7 = L.Linear(None, 1024)
14              self.fc8 = L.Linear(None, class_labels)
15
16      def __call__(self, x):
17          h = self.base(x, layers=['pool5'])['pool5']
18          h = F.dropout(F.relu(self.fc6(h)))
19          h = F.dropout(F.relu(self.fc7(h)))
20          return self.fc8(h)
21
22 gpu_id = 2
23 max_epochs = 10
24 batchsize = 16
25 classes_numbers = 3
26
27 model = FineTune(classes_numbers)
28 model = L.Classifier(model)
29 model.to_gpu(gpu_id)
30 opt = chainer.optimizers.Adam()
31 opt.setup(model)
32 model.predictor.base.disable_update()
33
34 traintxt = r'/hdd/train/train.txt'
35 root = r'/hdd/train/clothes/train_images/'
36
37 datasets = chainer.datasets.LabeledImageDataset(traintxt,root)
38 train_ds, test_ds = chainer.datasets.split_dataset_random(datasets,len(datasets)*8//10)
39
40 train_iter = chainer.iterators.SerialIterator(train_ds, batchsize)
41 test_iter = chainer.iterators.SerialIterator(test_ds, batchsize, False, False)
42
43 updater = chainer.training.StandardUpdater(train_iter, opt, device=gpu_id)
```

```
   44 trainer = chainer.training.Trainer(updater, (max_epochs,
'epoch'), out='clothes')
   45
   46 trainer.extend(extensions.LogReport())
   47 trainer.extend(extensions.Evaluator(test_iter, model,
device=gpu_id))
   48 trainer.extend(extensions.PrintReport(['epoch', 'main/loss',
'main/accuracy', 'validation/main/loss', 'validation/main/accuracy',
'elapsed_time']))
   49
   50 trainer.run()
```

其中第 1~4 行导入必要的包；第 6~20 行定义神经网络，第 11 行会使用 ResNet50 作为基础网络（这里可以换为 ResNet 其他层或 VGG 和 Inception 等），再加入几个全连接层；第 22~25 行为一些常数的定义；第 27~31 行为实例化分类模型，并与所选的优化算法关联起来；第 32 行为冻结基础网络参数更新，所以网络只会更新 fc6-8 的参数；第 33~34 为上面所制作的标签文件与图片父目录；第 37~38 行为实例化 Dataset，并按约 80% 的比例分为训练集和测试集，Chainer 会读取路径类别对应文件（traintxt），并将图片的相对路径与绝对路径结合起来，再加上类别 ID，制作成一个 Dataset；第 40~41 行分别对训练集和测试制作迭代器，测试迭代器不需要 shuffle 和 repeat；第 43 行将 updater 二级主管与训练迭代器和优化算法关联起来；第 44 行将 trainer 主管与 upater 二级主管和其他信息（最大轮数和输出目录）关联起来；第 46~48 行分别添加日志报告、进行测试集测试和打印指定统计信息；第 50 行就是主管发话开始运作整个项目。

屏幕输出如下，由于样本量比较大，约有 5 万多张图片，3 个类别，所以训练起来速度较慢，每个 epoch 需要约 500s，在此只粘贴部分输出：

epoch	main/loss	main/accuracy	validation/main/loss	validation/main/accuracy	elapsed_time
1	0.715356	0.715512	0.570649	0.768498	502.006
2	0.633724	0.752829	0.541441	0.812593	990.223
3	0.605424	0.766204	0.555208	0.803905	1478.57
4	0.582302	0.773274	0.483806	0.81633	1975.74
5	0.570605	0.78063	0.504537	0.817265	2462.24
6	0.564621	0.784699	0.500076	0.818479	2954.77

接下来需要各位读者针对自己的数据集进行调参，包括学习率 learning rate，epochs 大小，优化算法，加入 BatchNormalization、Dropout 或 Early Stopping 等操作，或者调整后面几层的网络类型与神经元数量，亦或调整基础网络 base。

读者可以先用常规的数据集练手，如 Mnist、Fashion-Mnist、Cifar-10、Cifar-100 和猫狗大战等，对于 ImageNet，不建议读者测试，因为它对硬件要求较高，训练耗时较长，且各种框架都有预训练的模型。

当训练达到满意效果后，比如测试集上的 accuracy 达到 93%，且无明显的过拟合现象，就可以保存模型，以供后期预测或推断（Inference）使用。预测主要流程：使用网络获得对应图片输出，作 softmax，再使用 argmax 获取概率最大类别的索引，并将其与类别映射起来。输入可以为单张图片，也可以是多张图片。

4.3 Inception

4.3.1 Inception 介绍

Inception 由 Google 公司于 2014 年提出，并取得了 ILSVRC 分类竞赛的冠军。VGG 和 ResNet 关注的主要是网络深度，而 Inception 则从宽度方面着手。在平常的网络中，卷积核大小都是手动确定的，Inception 的核心思想就是使用多尺寸卷积核去观察输入数据，然后由计算机选择使用哪种尺寸或更加注重哪种尺寸。

Inception V1 版本的主要结构图如图 4-3 所示。Inception 吸纳了 Network In Network 的思想，使用 1×1 的卷积核来进行降维和升维操作；同时使用不同的卷积核（1×1、3×3、5×5）来设置不同的感受野，让网络看到不同层面和大小的东西，最后将所有看到的东西串联起来形成该层的输出。然后利用多个这样的结构，形成一个大的网络。

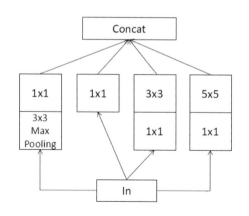

图 4-3 Inception V1 主要结构

Inception V2 则使用了小卷积核来替换大卷积核，比如两个 3×3 的卷积替换一个 5×5 的卷积，这样使得卷积参数大大减少；同时对于 3×3 的卷积更进一步，提出了非对称卷积操作，即将 3×3 卷积转换为 1×3 和 3×1 两个卷积效果的叠加，这样使得参数进一步减少，如图 4-4 所示。

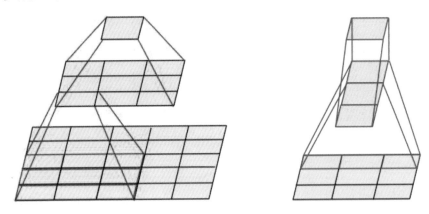

图 4-4 感受野与非对称卷积

另外 Inception V2 版本中还使用了 Batch Normalization（BN）结构，使得整个网络的训练更加容易。最终 Inception V2 三种主要的网络层结构如图 4-5 所示。详细论述可参见原论文。

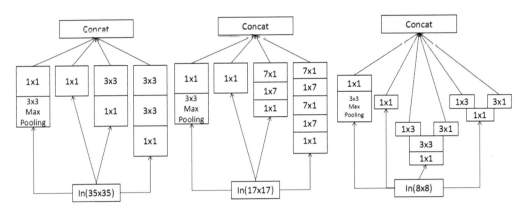

图 4-5 Inception V2 主要结构

Inception V3 则对下采样过程中的特征提取作了组合，常规的操作一般是卷积再池化或池化后再卷积，Inception V3 则是将这一步作了分支，使得网络变宽，结构如图 4-6 所示。在 35×35 到 17×17 和 17×17 到 8×8 的下采样过程中会用到这种特征融合结构。

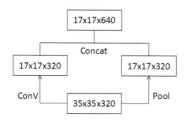

图 4-6 Inception V3 特征融合结构

Inception V4 则吸收了 ResNet 的思想，传统 ResNet 过程中使用的是 CNN 结构，那么将 CNN 结构换成 Inception 的基本结构则形成了 Inception V4 版本。其他变种还有 Inception-ResNet V1 和 Inception-ResNet V2 两个版本，鉴于篇幅，此处不再详述，可参见相关的原论文以及在网络上查看对它们的剖析。

Inception 系列论文：

Inception V1：Going Deeper with Convolutions[10]

Inception V2：Batch Normalization: Accelerating Deep Network Training by Reducing Internal Covariate Shift[11]

Inception V3：Rethinking the Inception Architecture for Computer Vision[12]

Inception V4：Inception-v4, Inception-ResNet and the Impact of Residual Connections on Learning[13]

4.3.2　Keras 版 Inception V3 川菜分类

目前深度学习在视觉领域的应用和教程也非常多，但大多都基于常规数据集，可以轻易地通过网络获取，如 Mnist、FashionMnist、Cifar 等，要不就是非常大的数据集如 ImageNet 这类。

是否可以做点有意思的图像分类呢？请看以下分类。

- 吃货类：水煮鱼、回锅肉、盐煎肉、夫妻肺片等。
- 动漫类：孙悟空、孙悟饭、贝吉塔等。
- 名人类：斯嘉丽·约翰逊、安妮·海瑟薇、泰勒·斯威夫特、高圆圆等。

10　http://arxiv.org/abs/1409.4842
11　http://arxiv.org/abs/1502.03167
12　https://arxiv.org/abs/1512.00567
13　https://arxiv.org/abs/1602.07261

这里选择"吃货类",那么马上就会面临一个问题:数据怎么获取?为了节省时间,此处数据是直接从百度下载。

整个文件目录如下:

```
chuancai_classification/
├── train.py
├── down_imgs.py
└── chuancai.txt
```

其中 chuancai.txt 定义了图像下载的类别,每个类别一行。

```
$ cat chuancai.txt
麻婆豆腐
回锅肉
宫保鸡丁
盐烧白
粉蒸肉
夫妻肺片
蒜泥白肉
盐煎肉
水煮鱼
```

down_imgs.py 会读取 chuancai.txt 的类别,然后利用百度下载,默认每个类别会尽力(因为出错就会跳过)下载 1000 张(numIMGS = 1000,可自行调整)图片,下载的图片会使用 OpenCV 进行简单过滤,保证图片没问题,并填充为方形尺寸,缩放到 600×600 大小(一般训练图像分类模型的时候都会要求输入尺寸一致,高 × 宽 × 通道数,有的框架会默认做这些操作,而有的不会,但实质过程都需要这一步);然后按 9:1 的比例分为训练集和测试集,train 和 test,所有的文件会保存在 IMGS(这个目录变量为 relative_path,可以自行修改)目录下。此文件主要用到的库有:requests、opencv-contrib-python、multiprocessing。文件内容如下:

```
1  import os
2  import re
3  import sys
4  import cv2
5  import glob
```

```python
6  import random
7  import shutil
8  import urllib
9  import argparse
10 import requests
11 from tqdm import tqdm
12 from multiprocessing import Pool
13
14 relative_path = r'IMGS'
15
16 str_table = {
17     '_z2C$q': ':',
18     '_z&e3B': '.',
19     'AzdH3F': '/'
20 }
21
22 char_table = {
23     'w': 'a',
24     'k': 'b',
25     'v': 'c',
26     '1': 'd',
27     'j': 'e',
28     'u': 'f',
29     '2': 'g',
30     'i': 'h',
31     't': 'i',
32     '3': 'j',
33     'h': 'k',
34     's': 'l',
35     '4': 'm',
36     'g': 'n',
37     '5': 'o',
38     'r': 'p',
39     'q': 'q',
40     '6': 'r',
41     'f': 's',
42     'p': 't',
```

```
43        '7': 'u',
44        'e': 'v',
45        'o': 'w',
46        '8': '1',
47        'd': '2',
48        'n': '3',
49        '9': '4',
50        'c': '5',
51        'm': '6',
52        '0': '7',
53        'b': '8',
54        'l': '9',
55        'a': '0'
56   }
57
58   char_table = {ord(key): ord(value) for key, value in char_table.items()}
59
60   def decode(url):
61        for key, value in str_table.items():
62             url = url.replace(key, value)
63        return url.translate(char_table)
64
65   def buildUrls(word, max_num):
66        word = urllib.parse.quote(word)
67        url = r "http://image.baidu.com/search/acjson?tn=resultjson_com&ipn=rj&ct=201326592&fp=result&queryWord={word}&cl=2&lm=-1&ie=utf-8&oe=utf-8&st=-1&ic=0&word={word}&face=0&istype=2nc=1&pn={pn}&rn=1000 "
68        urls = (url.format(word=word, pn=str(x)) for x in range(0, max_num,60))
69        return urls
70
71
72   re_url = re.compile(r' "objURL ": "(.*?) "')
73
74   def resolveImgUrl(html):
```

```python
75      imgUrls = [decode(x) for x in re_url.findall(html)]
76      return imgUrls
77
78  def downImgs(imgUrl, dirpath, imgName, imgType):
79      filename = os.path.join(dirpath, imgName)
80      try:
81          res = requests.get(imgUrl, timeout=15)
82          if str(res.status_code)[0] == '4':
83              print(str(res.status_code), ":", imgUrl)
84              return False
85      except Exception as e:
86          print(f'抛出异常:{imgUrl}')
87          print(e)
88          return False
89      with open(filename + '.' + imgType, 'wb') as f:
90          f.write(res.content)
91      return True
92
93  def downword(word):
94      word_dir = os.path.join(sys.path[0], relative_path,word)
95      os.makedirs(word_dir, exist_ok=True)
96
97      index = 0
98      numIMGS = 1000 # Max images to be downloaded per keyword
99
100     urls = buildUrls(word,numIMGS)
101     for url in urls:
102         html = requests.get(url, timeout=10).content.decode('utf-8')
103         imgUrls = resolveImgUrl(html)
104         for url in imgUrls:
105             try:
106                 if downImgs(url, word_dir, str(index + 1), 'jpg'):
107                     index += 1
108                     print(f"{word}:\t{index} 张 ")
109                     if index == numIMGS:break
110             except BaseException as e:
```

```
111                    print(url,e)
112                    continue
113
114  def del_bad(root):
115
116      imgs = glob.glob(os.path.join(root,'*/*.jpg'), recursive=True)
117
118      for img in tqdm(imgs):
119          im = cv2.imread(img)
120          if im is None:
121              print(img)
122              os.remove(img)
123              continue
124          h,w,_ = im.shape
125          if h>w:    #top, bottom, left, right
126              sq = cv2.copyMakeBorder(im,0,0,(h-w)//2,h-w-(h-w)//2,cv2.BORDER_CONSTANT,value=(255,255,255))
127          elif h<w: #top, bottom, left, right
128              sq = cv2.copyMakeBorder(im,(w-h)//2,w-h-(w-h)//2,0,0,cv2.BORDER_CONSTANT,value=(255,255,255))
129
130          im = cv2.resize(im, (600, 600), interpolation=cv2.INTER_CUBIC)
131
132          cv2.imwrite(img, im)
133
134  def split(root):
135
136      subdirs = os.listdir(root)
137      random.shuffle(subdirs)
138
139      for subdir in subdirs:
140          sub_imgs = os.listdir(os.path.join(root, subdir))
141          # Train 90%
142          N = len(sub_imgs)*9//10
```

```python
143
144        train = os.path.join(root,'train', subdir)
145        test = os.path.join(root,'test', subdir)
146        os.makedirs(train, mode=0o777, exist_ok=True)
147        os.makedirs(test, mode=0o777, exist_ok=True)
148
149        for sub_img in tqdm(sub_imgs[:N]):
150            shutil.move(os.path.join(root, subdir, sub_img), train)
151
152        for sub_img in tqdm(sub_imgs[N:]):
153            shutil.move(os.path.join(root, subdir, sub_img), test)
154        os.rmdir(os.path.join(root, subdir))
155
156 if __name__ == '__main__':
157
158     with open(sys.argv[1],'r') as f:
159         words = (line.strip() for line in f.readlines())
160
161     print(f'Keyword:{words}')
162
163     with Pool() as pool:
164         with tqdm(desc='Downloading Images') as pbar:
165             for i, _ in tqdm(enumerate(pool.imap_unordered(downword,words))):
166                 pbar.update()
167
168     del_bad(relative_path)
169
170     split(relative_path)
```

然后执行 python down_imgs.py chuancai.txt 就会开始下载图片,其屏幕输出如图 4-7 所示。

这里下载了大约 7800 张图片,类别为前面所述菜名。下载结束后可以每个类别单独查看,这里直接合并在一起显示,如图 4-8 所示。

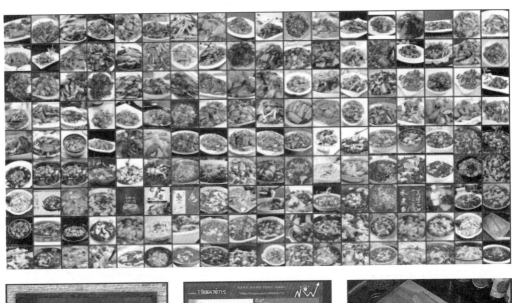

图 4-7 图片下载屏幕输出

图 4-8 图片概览与不符的样本图片示例

查看过程中会发现很多不适于训练的图片,即不是真正所对应类的图片,如图4-8所展示的图片,水煮鱼的文字与活鱼等,而适于训练的则是装在碗里做好的、可以吃的水煮鱼。如果想要获取更好的分类效果,这些应该需要剔除,限于篇幅,此步略过,这里主要示范整个流程。

接下来编写 train.py 训练文件代码。

```
1  import matplotlib.pyplot as plt
2
3  import os
4  os.environ["CUDA_VISIBLE_DEVICES"] = "1"
5
6  import tensorflow as tf
7  config = tf.ConfigProto()
8  config.gpu_options.allow_growth = True
9
10 from tensorflow import keras
11 from tensorflow.python.keras import backend as K
12 K.set_session(tf.Session(config=config))
13
14 from tensorflow.python.keras.applications.inception_v3 import InceptionV3
15 from tensorflow.python.keras.preprocessing.image import ImageDataGenerator
```

以上代码中,第 1~15 行为设置 GPU 按需分配显存,接着导入各种需要的模块,主要包括 InceptionV3 主干网络和 ImageDataGenerator。ImageDataGenerator 主要用于读取图片文件夹,每个子目录名作为类别标签,这种方法对于后期各种增量或换数据集操作非常友好。另外也可以导入其他网络模块,如 DenseNet121 和 Xception 等,方便切换不同的主干网络。

```
16
17 train_dir = '/hdd/chuancai/train'
18 test_dir = '/hdd/chuancai/test'
19 image_size = 224
20 class_numbers = len(os.listdir(train_dir))
21
```

```
22 if os.environ["CUDA_VISIBLE_DEVICES "]:
23     print('Using GPU')
24     input_shape = (image_size, image_size, 3)
25 else:
26     print('Using CPU')
27     input_shape = (3, image_size, image_size)
```

第 17~27 行定义了各种常量，包括训练集和测试集所在的目录，图片输入尺寸的大小，GPU/CPU 使用情况等。

```
28
29 Backbone = InceptionV3(include_top=False, weights='imagenet', input_shape=input_shape)
30
31 for layer in Backbone.layers[:110]:
32     layer.trainable = False
33
34 model = keras.models.Sequential()
35
36 model.add(Backbone)
37 model.add(keras.layers.Flatten())
38 model.add(keras.layers.Dense(1024, activation='relu'))
39 model.add(keras.layers.Dropout(0.5))
40 model.add(keras.layers.Dense(class_numbers, activation='softmax'))
41
42 model.summary()
```

第 29~42 行定义了网络模型。此处的主干网络使用的是 InceptionV3，并去掉最后一层，使用了在 ImageNet 上训练了的参数作为初始参数。第 31~32 行表示对主干网络部分层的参数进行冻结，不参与训练更新，而 110 层后面的参数会参与训练更新。然后第 36~40 行使用 Sequential 模式构建真正的网络，逐一将各层加入网络结构中。这里使用了拉平操作（第 37 行），再加入全连接层，将拉平的结果映射为 1024 长度的输出；接着使用 Dropout 技术，再加上全连接层，将输入映射为类别数长度的输出，并作 softmax 操作，完成整个网络从输入到输出的变换。最后，使用 summary 方法查看整个网络模型的结构。

```
43
44 train_datagen = ImageDataGenerator(
45         rescale=1./255,
46         rotation_range=45,
47         width_shift_range=0.2,
48         height_shift_range=0.2,
49         horizontal_flip=True,
50         fill_mode='nearest')
51
52 validation_datagen = ImageDataGenerator(rescale=1./255)
53
54 train_generator = train_datagen.flow_from_directory(
55          train_dir,
56          target_size=(image_size, image_size),
57          batch_size=64,
58          class_mode='categorical')
59
60 validation_generator = validation_datagen.flow_from_directory(
61          test_dir,
62          target_size=(image_size, image_size),
63          batch_size=64,
64          class_mode='categorical',
65          shuffle=False)
66
67 print('='*60)
68 print(train_generator.class_indices)
69 print('='*60)
```

代码第 44~69 行主要是制作训练样本生成器和测试样本生成器。首先针对训练集定义了数据增广操作：旋转、翻转和平移，并将输入值域缩放为 [0,1] 范围；然后使用 flow_from_directory 方法传入生成器所使用的图片目录、图片目标大小、批大小以及分类模式。因为此处有 9 类，故使用的分类模式选择 categorical，进行 one-hot 编码，如果只有两类，则应该使用 binary。然后对测试集做类似操作，不过没有数据增广和 shuffle 操作。第 68 行输出类别与类别 ID 对应的字典，可供后续真正测试对应。

```
70
71 checkpoint = keras.callbacks.ModelCheckpoint('chuancai_res50_
```

```
v2.h5', verbose=1, monitor='val_acc',save_best_only=True, mode='auto')
    72 model.compile(loss='categorical_crossentropy',
    73             optimizer=keras.optimizers.SGD(lr=1e-4, momentum=0.9),
    74             metrics=['acc'])
    75
    76 H = model.fit_generator(
    77         train_generator,
    78         steps_per_epoch=train_generator.samples/train_generator.batch_size ,
    79         epochs=20,
    80         validation_data=validation_generator,
    81         validation_steps=validation_generator.samples/validation_generator.batch_size,
    82         callbacks=[checkpoint],
    83         verbose=1)
    84
```

代码第71~83行主要设置了回调函数、模型编译和进行模型训练。回调函数实质上就是监控，当某件事发生的时候就采取相应的操作，比如此处71行表示监控val_acc这个变量，训练完一次的时候将这次的结果与上一次做对比，然后保存最好结果对应的模型。然后就是模型编译，即将损失函数、优化算法和监控指标等关联起来，这些读者可以自行选择和调整对应参数。最后使用fit_generator进行训练，参数主要包括训练生成器、测试生成器和回调函数。steps_per_epoch表示每轮需要执行多少步，一般等于总样本大小除以批大小，epochs则表示一共要训练多少轮。回调函数就是在第71行设置的checkpoint，其实也可以添加如Early Stopping等的操作，有兴趣的读者可自行尝试。

```
    85
    86 # save the accuracy and loss curves
    87 epochs = range(len(H.history['acc']))
    88
    89 plt.figure()
    90 plt.plot(epochs, H.history['acc'], 'b', label='Training acc')
    91 plt.plot(epochs, H.history['val_acc'], 'r', label='Validation acc')
    92 plt.title('Training and validation accuracy')
```

```
 93 plt.legend()
 94 plt.savefig('acc_chuancai.jpg')
 95
 96 plt.figure()
 97
 98 plt.plot(epochs, H.history['loss'], 'b', label='Training loss')
 99 plt.plot(epochs, H.history['val_loss'], 'r', label='Validation
loss')
100 plt.title('Training and validation loss')
101 plt.legend()
102 plt.savefig('loss_chuancai.jpg')
103
```

第 85~101 行主要就是对损失和准确率作图,进行直观对比。执行训练后,屏幕输出如下:

```
Using GPU

Layer (type)                 Output Shape              Param #
=================================================================
inception_v3 (Model)         (None, 5, 5, 2048)        21802784
_____
flatten_1 (Flatten)          (None, 51200)             0
_____
dense_1 (Dense)              (None, 1024)              52429824
_____
dropout_1 (Dropout)          (None, 1024)              0
_____
dense_2 (Dense)              (None, 9)                 9225
=================================================================
Total params: 74,241,833
Trainable params: 71,639,049
Non-trainable params: 2,602,784
_____
Found 6930 images belonging to 9 classes.
Found 778 images belonging to 9 classes.
```

```
============================================================
    {'回锅肉': 0, '夫妻肺片': 1, '宫保鸡丁': 2, '水煮鱼': 3, '盐烧白': 4,
'盐煎肉': 5, '粉蒸肉': 6, '蒜泥白肉': 7, '麻婆豆腐': 8}
============================================================
Epoch 1/20
108/108 [============================>.] - ETA: 0s - loss: 1.8056 - acc: 0.4740
Epoch 00001: val_acc improved from -inf to 0.59254, saving model to chuancai_res50_v2.h5
109/108 [==============================] - 96s 880ms/step - loss: 1.7972 - acc: 0.4759 - val_loss: 1.8792 - val_acc: 0.5925
Epoch 2/20
108/108 [============================>.] - ETA: 0s - loss: 0.8469 - acc: 0.7186
Epoch 00002: val_acc improved from 0.59254 to 0.67866, saving model to chuancai_res50_v2.h5
109/108 [==============================] - 90s 825ms/step - loss: 0.8485 - acc: 0.7185 - val_loss: 1.3231 - val_acc: 0.6787
Epoch 3/20
108/108 [============================>.] - ETA: 0s - loss: 0.6783 - acc: 0.7751
Epoch 00003: val_acc improved from 0.67866 to 0.68252, saving model to chuancai_res50_v2.h5
109/108 [==============================] - 91s 833ms/step - loss: 0.6769 - acc: 0.7759 - val_loss: 1.5256 - val_acc: 0.6825
...
Epoch 18/20
108/108 [============================>.] - ETA: 0s - loss: 0.1621 - acc: 0.9574
Epoch 00018: val_acc did not improve
109/108 [==============================] - 139s 1s/step - loss: 0.1624 - acc: 0.9574 - val_loss: 3.2498 - val_acc: 0.7378
Epoch 19/20
108/108 [============================>.] - ETA: 0s - loss: 0.1408 - acc: 0.9579
Epoch 00019: val_acc did not improve
```

```
         109/108 [==============================] - 97s 894ms/step - loss:
0.1400 - acc: 0.9580 - val_loss: 3.0305 - val_acc: 0.7468
         Epoch 20/20
         108/108 [=============================>.] - ETA: 0s - loss: 0.1371 -
acc: 0.9590
         Epoch 00020: val_acc did not improve
         109/108 [==============================] - 91s 836ms/step - loss:
0.1364 - acc: 0.9591 - val_loss: 3.1812 - val_acc: 0.7455
```

可以看到，目前在测试集上的准确率已经超过 78%，笔者曾经训练到过 83%，但为了直观，可以查看 loss 和 accuracy 的变化曲线，如图 4-9 所示。

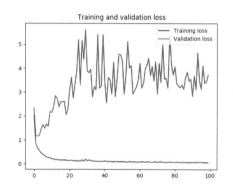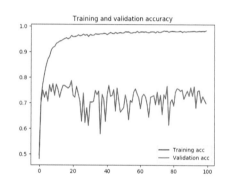

图 4-9 loss 和 accuracy 变化曲线

从以上曲线可以看出，约从第 10 轮开始，loss 在训练集和测试集上的表面差距越来越大；而 accuracy 在训练集上一直上升，在测试集上变化不大。整个网络就渐渐出现了过拟合现象，那么此时就可以使用常用的防过拟合手段来进行调整，读者可以自行尝试。

假设此时模型已经满足需求，那么就可以将模型运用起来进行预测了。预测文件代码如下：

```
1  import os
2  import sys
3  from PIL import Image,ImageDraw,ImageFont
4  import glob
5  os.environ["CUDA_VISIBLE_DEVICES "] = "2 "
6
7  import tensorflow as tf
```

```
 8  config = tf.ConfigProto()
 9  config.gpu_options.allow_growth = True
10
11  import numpy as np
12  from tensorflow import keras
13  from tensorflow.python.keras import backend as K
14  K.set_session(tf.Session(config=config))
15
16  from tensorflow.python.keras.models import load_model
17  from tensorflow.python.keras.preprocessing import image
18  from tensorflow.python.keras.applications.inception_v3 import preprocess_input
19
20  def read_img(img_path):
21      try:
22          img = image.load_img(img_path, target_size=(224,224))
23      except Exception as e:
24          print(e)
25      img = image.img_to_array(img)
26      img = np.expand_dims(img, axis=0)
27  #   img = preprocess_input(img)
28  #   img = np.squeeze(img)
29      return img/255
30
31  def draw_save(img_path, label, out='/tmp'):
32      img = Image.open(img_path)
33      _,classid,imgf = img_path.rsplit(r'/',2)
34      os.makedirs(os.path.join(out,classid), exist_ok=True)
35      if img is None:return None
36      draw = ImageDraw.Draw(img)
37      font = ImageFont.truetype("huawenxingkai.ttf",60)
38      draw.text((10,10), label, (10,10,10), font=font)
39      img.save(os.path.join(out,classid,imgf))
40
41  if __name__ == '__main__':
42      model = load_model(sys.argv[1])
43      labels = {'回锅肉': 0, '夫妻肺片': 1, '宫保鸡丁': 2, '水煮鱼': 3, '盐烧白': 4, '盐煎肉': 5, '粉蒸肉': 6, '蒜泥白肉': 7, '麻婆豆腐': 8}
44      labels = {str(v):k for k,v in labels.items()}
```

```
45      for subdir in glob.glob(sys.argv[2]+'/*'):
46          for img_path in glob.glob(subdir+'/*.jpg')[:24]:
47              img = read_img(img_path)
48              pred = model.predict(img)[0]
49              #print(pred.shape)
50              index = np.argmax(pred)
51              print(index, labels[str(index)])
52              draw_save(img_path, labels[str(index)], out='/tmp/chuancai/')
```

其中第1~18行导入必要的模块,并进行GPU使用设置,第20~29行主要是进行读图片的操作,注意最后要除255,这是保证图片输入和训练模型时处理方式一样。第31~39行定义了作图函数,主要就是将图片预测的分类显示在图片上,并保存到一个输出目录中。第41~52行会进行模型加载,类别与类别ID对应的字典设定(由训练文件第68行获取),第46行表示每个类测试24张图片,然后就是遍历目录进行菜品分类预测。

执行 python predict.py chuancai_res50_v2.h5 /hdd/chuancai/test 进行测试。表4-1是部分结果,可以看出还是有很多识别错误的,比如盐煎肉与回锅肉之间容易混淆。

表4-1 菜品预测结果

/hdd/chuancai//蒜泥白肉	/hdd/chuancai//回锅肉	/hdd/chuancai//盐煎肉
0 回锅肉	0 回锅肉	0 回锅肉
0 回锅肉	0 回锅肉	5 盐煎肉
5 盐煎肉	5 盐煎肉	0 回锅肉
7 蒜泥白肉	0 回锅肉	2 宫保鸡丁
5 盐煎肉	0 回锅肉	0 回锅肉
7 蒜泥白肉	0 回锅肉	5 盐煎肉
7 蒜泥白肉	0 回锅肉	0 回锅肉
7 蒜泥白肉	0 回锅肉	5 盐煎肉
7 蒜泥白肉	0 回锅肉	0 回锅肉
/hdd/chuancai//水煮鱼	/hdd/chuancai//盐烧白	/hdd/chuancai//粉蒸肉
3 水煮鱼	5 盐煎肉	6 粉蒸肉
3 水煮鱼	2 宫保鸡丁	1 夫妻肺片
3 水煮鱼	5 盐煎肉	6 粉蒸肉
3 水煮鱼	4 盐烧白	6 粉蒸肉
3 水煮鱼	3 水煮鱼	6 粉蒸肉

（续表）

/hdd/chuancai//水煮鱼	/hdd/chuancai//盐烧白	/hdd/chuancai//粉蒸肉
3 水煮鱼	4 盐烧白	6 粉蒸肉
3 水煮鱼	4 盐烧白	6 粉蒸肉
3 水煮鱼	5 盐煎肉	6 粉蒸肉
3 水煮鱼	3 水煮鱼	7 蒜泥白肉
/hdd/chuancai//麻婆豆腐	/hdd/chuancai//夫妻肺片	/hdd/chuancai//宫保鸡丁
8 麻婆豆腐	1 夫妻肺片	7 蒜泥白肉
8 麻婆豆腐	1 夫妻肺片	2 宫保鸡丁
8 麻婆豆腐	0 回锅肉	2 宫保鸡丁
8 麻婆豆腐	1 夫妻肺片	2 宫保鸡丁
2 宫保鸡丁	1 夫妻肺片	2 宫保鸡丁
8 麻婆豆腐	1 夫妻肺片	2 宫保鸡丁
8 麻婆豆腐	1 夫妻肺片	2 宫保鸡丁
8 麻婆豆腐	1 夫妻肺片	2 宫保鸡丁
8 麻婆豆腐	1 夫妻肺片	2 宫保鸡丁

但以上的方式只能看到文字，所以查看图片真实内容就显得很有必要，此处展示部分结果，如图 4-10 所示。

图 4-10 部分菜品分类结果展示（一）

从图 4-10 可以看出，有的图片本身就是有问题的，比如第 2 排第 2 张的夫妻肺片。而从图 4-11 则可以看到烧白系列中的第 3 张、第 4 张、第 5 张分别被预测为水煮鱼、水煮鱼和盐煎肉，这种情况人类也不会将其与烧白联系起来；而第 6 张则有三个菜，情况相对复杂，但分错可以预期；对于回锅肉系列，第 2 排第 2 张预测为蒜泥白肉，这确实分错了，但对于第 4 张，如果模型将其预测为盐煎肉，笔者认为也没多大问题。

图 4-11 部分菜品分类结果展示（二）

对于这些结果，可以从图片出发，去理解预测失败到底是模型的问题还是其他外因。如果图片本身不对，那么模型可能会被训练带偏或测试表现不佳，此时就应该将训练集清洗得更加干净。对于人类来说，也有很多情况是不能分辨的，那么给出的训练样本就可能出问题，这时模型的预测效果也会受到影响。

另外读者可修改类别文件的内容，这样就可以对名人、动漫（龙珠超、海贼王、火影和死神等）、花草、面食（这个难度应该较大）等进行图像分类了，相信读者会找到自己感兴趣的图像分类内容。

4.4 Xception

4.4.1 Xception 简述

Xception[14]的作者是 Keras 的开发者 Francois Chollet。Xception 意为 Extreme Inception，表示将 Inception 原理发挥到极致。

Inception 主要是让同层网络更宽，给予模型自己选择卷积核大小的权利，如 5×5、3×3、1×1 或作 MaxPooling 操作，并利用 1×1 卷积进行通道方向的降维，解决计算瓶颈，Inception V2 改进版本中使用两个 3×3 卷积替换 5×5 卷积，并使用了非对称的卷积操作，Inception V3 版本中则为分支结构，Inception V4 版本中使用了残差概念，得到了 Inception-ResNet 混合结构。

但这些卷积操作在空间和通道方向是耦合的，即在处理一个感受野时，会同时考虑所有通道（比如初始的 RGB 三通道）。Xception 作者在此提出疑问：凭什么得同时考虑平面空间（2D）和通道信息？

要知道，解决一个问题，通常会做一些假设，然后基于这些假设来设计解决方案，那么如果出现假设错误会怎样——遇到这种情况最多只能解决部分问题。

Inception 使用 1×1 卷积将输入映射到多个更小的空间，对每个子空间再进行卷积操作，而 Xception 则直接为每个输入通道进行单独空间映射，再使用 1×1 卷积获取跨通道信息，即一个通道向可分的卷积。

实验证明此方法有效，在 ImageNet1000 类上，Xception 表现略优于 Inception V3，但在 17000 类的分类任务上表现会好得多，其移动版应用便是 MobileNet。

4.4.2 Keras 版本 Xception 使用示例

下面使用 TensorFlow 中的 Keras 进行简单示例。将训练和测试的图片按以下目录结构存放，每个子目录下放对应的图片，但这里不需要所有图片尺寸相同，Keras 训练和测试过程中会作 resize 处理。这里有 24 类，都是一些商品，读者可按这种格式存放自己的数据集，这里的数据集只是展示存放结构，不会公开此数据集，希望读者理解。

14　https://arxiv.org/abs/1610.02357

```
/image_data/
├── train
│   ├── bao
│   ├── beixin
│   ├── bijini
│   ├── changku
│   ...
│   ├── wazi
│   ├── weijin
│   ├── xianglian
│   ├── xiongtie
│   └── yanjing
└── val
    ├── bao
    ├── beixin
    ├── bijini
    ├── changku
    ...
    ├── wazi
    ├── weijin
    ├── xianglian
    ├── xiongtie
    └── yanjing
```

编写以下训练代码：

```
 1  import os
 2  os.environ["CUDA_VISIBLE_DEVICES "] = "0 "
 3
 4  import tensorflow as tf
 5  config = tf.ConfigProto()
 6  config.gpu_options.allow_growth = True
 7
 8  from tensorflow import keras
 9  set_session = keras.backend.set_session
10  set_session(tf.Session(config=config))
11
12  ImageDataGenerator = keras.preprocessing.image.ImageDataGenerator
```

```
13 load_img = keras.preprocessing.image.load_img
14
15 train_dir = '/image_data/train'
16 validation_dir = '/image_data/val'
17 image_size = 299
18 class_numbers = len(os.listdir(train_dir))
19
20 Xception = keras.applications.xception.Xception
21
22 X_conv = Xception(include_top=False, weights='imagenet', input_shape=(image_size, image_size, 3))
23
24 for layer in X_conv.layers[:]:
25     layer.trainable = False
26
27 model = keras.models.Sequential()
28
29 model.add(X_conv)
30 model.add(keras.layers.Flatten())
31 model.add(keras.layers.Dense(1024, activation='relu'))
32 model.add(keras.layers.Dropout(0.5))
33 model.add(keras.layers.Dense(class_numbers, activation='softmax'))
34
35 model.summary()
36
37 train_datagen = ImageDataGenerator(
38     rescale=1./255,
39     rotation_range=20,
40     width_shift_range=0.2,
41     height_shift_range=0.2,
42     horizontal_flip=True,
43     fill_mode='nearest')
44
45 validation_datagen = ImageDataGenerator(rescale=1./255)
46
47 train_generator = train_datagen.flow_from_directory(
```

```
48          train_dir,
49          target_size=(image_size, image_size),
50          batch_size=50,
51          class_mode='categorical')
52
53  validation_generator = validation_datagen.flow_from_directory(
54          validation_dir,
55          target_size=(image_size, image_size),
56          batch_size=10,
57          class_mode='categorical',
58          shuffle=False)
59
60
61  model.compile(loss='categorical_crossentropy',
62              optimizer=keras.optimizers.RMSprop(lr=1e-4),
63              metrics=['acc'])
64
65  H = model.fit_generator(
66          train_generator,
67          steps_per_epoch=2*train_generator.samples/train_generator.batch_size ,
68          epochs=10,
69          validation_data=validation_generator,
70          validation_steps=validation_generator.samples/validation_generator.batch_size,
71          verbose=1)
72
73  model.save('da_last4_layers.h5')
```

首先以上代码第 1~10 行对 GPU 使用进行设置；第 12~18 行导入部分包，设置训练集和测试集目录，以及 Xcetpion 所接收的图片尺寸，最后收集训练类别数，以供后面网络定义最后的全连接层使用。

第 20~35 行主要是导入在 ImageNet 进行预训练的基础网络 Xception，不带最后的全连接层，并设置输入单张图片的 shape，冻结 X_conv 部分的参数更新，使用 Sequential 设计方法添加 X_conv 层和后续的一些全连接层，并在过程中使用 Dropout 技术，第 35 行会输出整个模型的概况，包括网络各层情况，总的参数及可训练参数信息。

第 37~53 行主要是制作数据生成器：第 37~43 表示使用的归一化、旋转、移动、翻转等图像增广的操作，这能增大样本数量，让模型有更好的抗噪性能，对于测试集则只使用归一化，不需要增广技巧；然后利用 flow_from_directory 制作图像生成器，其参数主要有目录、目标 shape、batch_size 和分类模式，共有 24 类，故选 categorical，如果只有两类，则选 binary，默认使用 shuffle 操作，在测试集不使用 shuffle。

第 61~63 行则是进行 compile 操作，作用是将模型与损失函数、优化算法和观察指标关联起来，此处 loss 选择的是 categorical_crossentropy，如果是 2 分类则使用 binary_crossentropy；然后第 65~71 行进行训练和测试，最大轮数设置为 10；第 73 行为保存模型。

执行结果如下：

```
Found 116971 images belonging to 24 classes.
Found 14048 images belonging to 24 classes.
Epoch 1/10
4679/4678 [=====] - 7529s 2s/step - loss: 1.8951 - acc: 0.7095 - val_loss: 0.8727 - val_acc: 0.7192
Epoch 2/10
4679/4678 [=====] - 7310s 2s/step - loss: 0.8303 - acc: 0.7925 - val_loss: 0.8364 - val_acc: 0.7408
Epoch 3/10
4679/4678 [====] - 10610s 2s/step - loss: 0.8090 - acc: 0.8069 - val_loss: 0.8139 - val_acc: 0.7645
Epoch 4/10
4679/4678 [====] - 10609s 2s/step - loss: 0.7992 - acc: 0.8151 - val_loss: 0.8983 - val_acc: 0.7625
Epoch 5/10
4679/4678 [====] - 10648s 2s/step - loss: 0.7949 - acc: 0.8220 - val_loss: 0.9697 - val_acc: 0.7526
Epoch 6/10
4679/4678 [====] - 10605s 2s/step - loss: 0.7843 - acc: 0.8279 - val_loss: 0.8590 - val_acc: 0.7727
Epoch 7/10
4679/4678 [====] - 10590s 2s/step - loss: 0.7945 - acc: 0.8301 - val_loss: 0.9664 - val_acc: 0.7608
```

训练集有约 11.7 万张图片，本测试集有约 1.4 万张图片，进行一轮训练非常耗时，需要 6000~7000 秒左右。

当训练完毕时，紧接上面代码，可以通过以下代码进行 loss 和 accuracy 绘图，直观地观察其变化趋势：

```
epochs = range(len(acc))

plt.figure()
plt.plot(epochs, H.history['acc'], 'b', label='Training acc')
plt.plot(epochs, H.history['val_acc'], 'r', label='Validation acc')
plt.title('Training and validation accuracy')
plt.legend()
plt.savefig('loss_keras.jpg')

plt.figure()

plt.plot(epochs, H.history['loss'], 'b', label='Training loss')
plt.plot(epochs, H.history['val_loss'], 'r', label='Validation loss')
plt.title('Training and validation loss')
plt.legend()
plt.savefig('acc_keras.jpg')
```

此处使用 Keras 预训练的 VGG 模型来作一个简单的图像分类示例。只需要将代码中的以下代码替换为 VGG 16 即可：

```
VGG16 = keras.applications.vgg16.VGG16
X_conv = VGG16(include_top=False, weights='imagenet', input_shape=(image_size, image_size, 3))
```

输出如下：

```
Epoch 1/10
4679/4678 [==============================] - 10602s 2s/step - loss: 1.0256 - acc: 0.6697 - val_loss: 0.8088 - val_acc: 0.7567
Epoch 2/10
4679/4678 [==============================] - 10573s 2s/step - loss: 0.8492 - acc: 0.7307 - val_loss: 0.8648 - val_acc: 0.7646
```

```
    Epoch 3/10
    4679/4678 [==============================] - 10587s 2s/step - loss:
0.8408 - acc: 0.7425 - val_loss: 0.8887 - val_acc: 0.7791
    Epoch 4/10
    4679/4678 [==============================] - 10582s 2s/step - loss:
0.8551 - acc: 0.7481 - val_loss: 0.9506 - val_acc: 0.7698
    Epoch 5/10
    4679/4678 [==============================] - 10623s 2s/step - loss:
0.8726 - acc: 0.7488 - val_loss: 1.0459 - val_acc: 0.7679
```

4.5 DenseNet

4.5.1 DenseNet 介绍

DenseNet[15] 于 2017 年提出，它主要更加关注 feature 方面，网络结构不复杂，但有效。

一般随着网络加深，梯度消失越发明显，ResNet 类网络便是利用跨层跳转的方式，增强层与层之间的信息转递，而 DenseNet 的作者干脆将所有层都连接起来，即当前层会接收前面所有层的直接信息转递，所以会达到一种减轻梯度消失的效果：反向传播梯度时，所有层都可以直接从 loss 中获取梯度信息。

ResNet 是做的 Y=F(X)+X 的操作，而 DenseNet 则做的是 Y=F([X0, X1, …, XN]) 的操作，[X0, X1, …, XN] 表示通道方向上连接，再使用 1×1 卷积进行通道降维，如 Inception 一样。

现在各个框架都有实现 DenseNet 的模型，并提供预训练参数。针对 DenseNet 有作者提出了一种节省内存的改进方法，详情可见论文[16]，可查阅 PyTorch 版开源项目[17]。

4.5.2 PyTorch 版 DenseNet 使用示例

以下代码是使用 PyTorch 预训练的 DenseNet121 结构进行分类、训练和测试数据，如 ResNet 示例一样，不过此处使用其父目录，包含 train_images 和 val_images，只需要传入这个目录即可，无需其他额外操作。

---

15 https://arxiv.org/pdf/1608.06993.pdf
16 https://arxiv.org/pdf/1707.06990.pdf
17 https://github.com/gpleiss/efficient_densenet_pytorch

```
1  import torch
2  import torch.nn as nn
3  import torch.optim as optim
4  from torch.optim import lr_scheduler
5  from torch.autograd import Variable
6  import torchvision
7  from torchvision import datasets, models, transforms
8  import time
9  import os
10 os.environ["CUDA_VISIBLE_DEVICES "] = "2 "
11
12 data_transforms = {
13     'train': transforms.Compose([
14         transforms.RandomResizedCrop(224),
15         transforms.RandomHorizontalFlip(),
16         transforms.ToTensor(),
17         transforms.Normalize([0.485, 0.456, 0.406], [0.229, 0.224, 0.2    25])
18     ]),
19     'val': transforms.Compose([
20         transforms.Resize(256),
21         transforms.CenterCrop(224),
22         transforms.ToTensor(),
23         transforms.Normalize([0.485, 0.456, 0.406], [0.229, 0.224, 0.2    25])
24     ]),
25 }
26
27 data_dir = '/hdd/train_data/data/'
28 class_numbers = len(os.listdir(data_dir+'train'))
29 image_datasets = {x: datasets.ImageFolder(os.path.join(data_dir, x),
30         data_transforms[x]) for x in ['train', 'val']}
31 dataloders = {x: torch.utils.data.DataLoader(image_datasets[x],
32                                              batch_size=4,
33                                              shuffle=True,
```

```
34                                             num_workers=4) for 
x in [ 'train', 'val']}
35 
36 dataset_sizes = {x: len(image_datasets[x]) for x in ['train', 
'val']}
37 
38 model_ft = models.densenet121(pretrained=True)
39 num_ftrs = model_ft.classifier.in_features
40 model_ft.classifier = nn.Linear(num_ftrs, class_numbers)
41 
42 model_ft = model_ft.cuda()
43 
44 criterion = nn.CrossEntropyLoss()
45 optimizer_ft = optim.SGD(model_ft.parameters(), lr=0.001, 
momentum=0.9        )
46 exp_lr_scheduler = lr_scheduler.StepLR(optimizer_ft, step_
size=7, gamm       a=0.1)
47 
48 since = time.time()
49 best_model_wts = model_ft.state_dict()
50 best_acc = 0.0
51 
52 num_epochs=25
53 
54 for epoch in range(num_epochs):
55     print(f'Epoch {epoch}-{num_epochs - 1}')
56     print('-' * 30)
57 
58     for phase in ['train', 'val']:
59         if phase == 'train':
60             exp_lr_scheduler.step()
61             model_ft.train(True)
62         else:
63             model_ft.train(False)
64 
65         running_loss = 0.0
66         running_corrects = 0
```

```python
67
68         for data in dataloders[phase]:
69             inputs, labels = data
70
71             inputs = Variable(inputs.cuda())
72             labels = Variable(labels.cuda())
73
74             optimizer_ft.zero_grad()
75
76             # forward
77             outputs = model_ft(inputs)
78             _, preds = torch.max(outputs.data, 1)
79             loss = criterion(outputs, labels)
80
81             # backward + optimize only if in training phase
82             if phase == 'train':
83                 loss.backward()
84                 optimizer_ft.step()
85
86             # statistics
87             running_loss += loss.item()
88             running_corrects += torch.sum(preds == labels.data)
89
90         epoch_loss = running_loss / dataset_sizes[phase]
91         epoch_acc = running_corrects / dataset_sizes[phase]
92
93         print(f'{phase} Loss: {epoch_loss} Acc: {epoch_acc}')
94
95         # deep copy the model
96         if phase == 'val' and epoch_acc > best_acc:
97             best_acc = epoch_acc
98             best_model_wts = model_ft.state_dict()
99
```

部分输出如下，由于数据量很大，训练相对耗时，可以看到损失都在下降，后期就是不断调参优化的过程。当然各位读者也可以使用其他框架下的 DensetNet，重要的是熟悉其原理及使用方法。

        epoch 0-24   train Loss: 0.2892041568333835   val Loss: 0.27728685446864243
        epoch 1-24   train Loss: 0.20777599584984863   val Loss: 0.22389139634279157
        epoch 2-24   train Loss: 0.18462860962689495   val Loss: 0.24604119548832291
        epoch 3-24   train Loss: 0.17004377474133298   val Loss: 0.20488949719570357
        epoch 4-24   train Loss: 0.16132812578840316   val Loss: 0.21411481226003115
        epoch 5-24   train Loss: 0.15344601723464588   val Loss: 0.21881639141513032
        epoch 6-24   train Loss: 0.14768428714560505   val Loss: 0.20064345874944553
        epoch 7-24   train Loss: 0.12036990261705872   val Loss: 0.17051134483383837
        epoch 8-24   train Loss: 0.11359368409710855   val Loss: 0.15720532341926
        epoch 9-24   train Loss: 0.11079162619448422   val Loss: 0.16754532477697506
        epoch 10-24   train Loss: 0.10765806492305786   val Loss: 0.15938173942183037
        epoch 11-24   train Loss: 0.10642126661082785   val Loss: 0.17335129673072988
        epoch 12-24   train Loss: 0.10552223914139162   val Loss: 0.16582830098790705

4.6 本章总结

本章介绍了比较成熟的几个图像分类模型，并使用不同的深度学习框架进行了示范。

对于图像分类，目前有多种网络可用，但在实际工程中，需要认真分析应用场景、条件、算法假设、性能等各方面因素。

目前服务器端常用的还是 ResNet 系列和 Inception 系列，VGG 模型使用频率已经相对减少；而在移动端则是以 MobileNet 这类用得较多。

虽然目前有很多网络在几个公开的数据集上分类效果优异，但图像分类领域仍然有许多问题有待解决。比如细粒度分类难度很大，公开的鸟类数据集CUB[18]，包含了200个类别约1.2万张鸟类图片，感兴趣的读者可查阅细分类相关的论文与算法实现。

另外目前本书所介绍的都是一张图像包含一个主体，即单标签，如果图片里包含多个主体，比如一人一狗，这就涉及到了多标签图像分类问题，有兴趣的读者可参考网上的资源[19]。

深度学习是基于题海战术的方法获取知识的，即监督学习。

那么这个世界上有多少类物体呢？怎么去定义这些类别之间的关系呢？如给了一只猫的图片，一个所谓的AI系统应该将这只猫识别到哪个级别：是不是猫、按大小分、按颜色分、按品种分等等。这样一思考，分类任务就非常复杂了，首先有多少类，本书的理解：无穷；其次，勉强通过某种强制方法确定类别总数后，怎么获取这些数据也是一个值得深思的问题，因为深度学习样本与标签需要一一对应起来。

目前Google放出了一个超级大的图像库叫作OID V4[20]，里面包含了约2万个类别，总数约3千万张图片，在600类上标了约1500万个主体框，但这也仅仅是这个世界的冰山一角。

所以笔者认为目前深度学习在图像分类领域确实解决了一些问题，但其缺点也十分明显，想要真正做好图像分类，任重道远。

18　http://www.vision.caltech.edu/visipedia/CUB-200-2011.html
19　https://www.ijcaonline.org/archives/volume162/number8/devkar-2017-ijca-913398.pdf
20　https://storage.googleapis.com/openimages/web/index.html

第 5 章

目标检测与识别

第 4 章介绍了图像分类，读者已知如何将一张图片识别为既定类别集合中的某一类。如果想知道分类的物体在图像中的位置，比如一只猫在哪里，能给出矩形框将其框住吗？

这就是目标检测要解决的问题，即检测出图片中主体所在的位置 Bounding Box，这个 Bounding Box（简称 BBox）主要是用矩形框左上角坐标与右下角坐标或左上角坐标与矩形框长宽表示，同时给出所检测主体的类别。从这里可以看出，目标检测是在分类的基础上再加一个预测 BBox 的任务，如图 5-1 所示。

目前深度学习在目标检测和识别方面主要有两大"流派"：候选框和回归法。候选框流派主要使用某种算法获取主体所在的候选区域，然后再对这块区域进行分类，以 Faster RCNN/SPP/R-FCN 为代表；回归法则直接进行 BBox 回归与主体分类，以 YOLO/SSD 等为代表。

第 5 章 目标检测与识别

图 5-1 目标检测与识别

目标检测与识别主要应用的场景包括但不限于安防监控、交通出行、电商等。比如人脸检测与识别技术可应用在火车、飞机等交通出行方面，也可用在公安侦察破案方面，还可以用在移动支付等方面，此时便需要对相机中获取的图片进行人脸检测与识别，确认是否为本人或嫌疑犯。电商领域也同样有广泛应用，比如淘宝网的"拍立淘"，用户或商家上传了商品图片之后，怎么做对比？怎样剔除复杂的干扰背景？如何区分上装和下装？所有这些问题都有目标检测与识别发挥的空间。

目标检测中经常还会用到 IOU 的概念来表示两个矩形框的重叠程度，实质就是它们相交部分的面积除以它们合并部分的面积，值越大重叠越多，即检测得越准，如图 5-2 所示。

本章主要介绍 Faster RCNN、YOLO V3 及 SSD 三种网络及其使用示例。

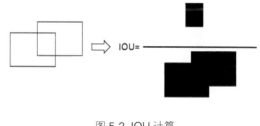

图 5-2 IOU 计算

5.1 Faster RCNN

5.1.1 Faster RCNN 介绍

目标检测 BBox 最常规的方法是使用滑窗技术，即用不同大小的矩阵框扫描整张图片，然后在每个框进行是否有感兴趣的主体筛选。

BBox 也可称作感兴趣区域（ROI，Regoin of Interest），即只对当前区域的内容有"兴趣"。

原始的 RCNN[1] 算法就是使用 Selective Search 获得候选 BBox 后，利用 CNN 算法代替传统手工设计特征的方法提取对应区域的特征，然后再进行分类与回归。

但 Selective Search 方法速度相对较慢，且对所有的 BBox 都作 CNN 提取，那么如果两个 BBox 重叠比较多，且 BBox 有成千上万个？将会造成大量的重复计算。

所以出现了 Fast RCNN[2]，其结构类似于图 5-3，将图中右侧部分替换为 Selective Search，主要是将原始的图片先进行 CNN 操作，这样就规避掉了不同区域重复进行 CNN 计算的过程，而只做一次计算即可。

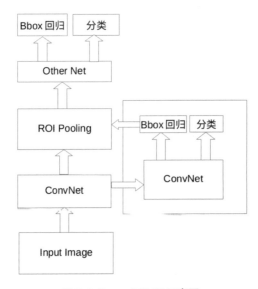

图 5-3 Faster RCNN 示意图

同时提出了 ROI Pooling 操作，输入为图片特征和很多个 BBox，将每个 BBox 区域均匀分成 m×n 个小区域，然后在每个区域内做 max pooling 操作，即选取最大值，进而得到一个 m×n 的特征。ROI Pooling 将一张图片可以输出为固定大小的特征，特征个数为候选 BBox 个数，即 #BBox× #channels× m×n。然后展平再传入后面的网络层，作分类和回归。

但是 Fast RCNN 虽然解决了重复计算的问题，但候选 BBox 还是用 Selective Search

---

1 https://arxiv.org/abs/1311.2524
2 https://arxiv.org/abs/1504.08083

来获取，这部分速度很慢的问题还是没有解决。此时 Faster RCNN[3] 便提出了 RPN（Regoin Proposal Network）网络来代替 Selective Search，如图 5-3 所示。

RPN 的工作原理如下：

（1）首先将原始图片送入一个 CNN 网络进行特征提取，然后在这个特征上使用输出通道为 256 的卷积，卷积核大小为 3×3，再将边缘进行一个单位的填充，步长为 1，这样输出的平面空间大小不变。此卷积操作可以将每个像素连同它周边的 8 像素一起映射为维度为 256 的向量。

（2）以像素为中心，生成 k 个 anchor box（锚框），其大小的长宽已提前设定好。

（3）对于每个 anchor box，使用其中心点像素作为代表特征，并进行二分类网络训练，判断有没有需要的主体，并作一个 4 维输出的回归小网络来预测 BBox 位置。

然后将所需主体的 BBox 传入 ROI Pooling 进行后续处理，再输入其他网络进行精确地分类和回归，完成目标检测与识别。

5.1.2 ChainerCV 版 Faster RCNN 示例

本书会使用 ChainerCV 中的 Faster RCNN 来作示例，训练数据集可使用 DeepFashion，也可以使用自己制作的数据集，格式参照 DeepFashion[4] 即可，然后运用 Chainer 定义数据类。由于下一节 SSD 中也会使用 ChainerCV，故可以将数据类定义在一个单独的文件，如 FashionBox.py，内容如下：

```
# FashionBox.py
 1  import os
 2  import random
 3  import numpy as np
 4
 5  import chainer
 6  from chainercv.utils import read_image
 7
 8  class FashionBboxDataset(chainer.dataset.DatasetMixin):
 9
10      def __init__(self, data_dir):
```

3　https://arxiv.org/abs/1506.01497
4　http://mmlab.ie.cuhk.edu.hk/projects/DeepFashion.html

```
11          list_bbox_inshop = os.path.join(data_dir, 'Anno/list_
bbox_inshop.txt')
12
13          self.data_dir = data_dir
14          with open(list_bbox_inshop,'r') as bb:
15              # del first 2 lines
16              self.list_bbox = [line.strip() for line in
bb.readlines()][3:]
17          random.shuffle(self.list_bbox)
18
19      def __len__(self):
20          return len(self.list_bbox)
21
22      def get_example(self, i):
23          """Returns the i-th example.
24          Returns a color image and bounding boxes. The image is
in CHW format.
25          The returned image is RGB.
26          Args:
27              i (int): The index of the example.
28          Returns:
29              tuple of an image and bounding boxes
30          """
31          line = self.list_bbox[1].split()
32
33          img_path = line[0]
34          label = [int(line[1])-1]
35          # 'ymin', 'xmin', 'ymax', 'xmax'
36          bbox = [[int(line[4]),int(line[3]),int(line[6]),int(li
ne[5])]]
37          bbox = np.stack(bbox).astype(np.float32)
38          label = np.stack(label).astype(np.int32)
39
40          # Load a image
41          img_file = os.path.join(self.data_dir, 'Img', img_path)
42          img = read_image(img_file, color=True)
43
44          return img, bbox, label
```

此文件最终返回一个数据集，它的第 i 个元素就是一条样本，第 N 个样本包含图片信息（格式为：通道 × 高度 × 宽度）、BBox 信息（[BBox1, BBox2]）和类别 ID 信息（[ID1, ID2]），BBoxi 格式高度为：ymin, xmin, ymax, xmax，针对自己的数据可修改以上代码第 34~36 行。另外在 17 行做了打乱顺序的操作，保证随机性。

然后编写 Faster RCNN 训练文件，主要内容如下：

```
# Faster_RCNN_train.py
1  import os
2  import random
3  import numpy as np
4
5  import chainer
6  from chainer.datasets import TransformDataset
7  from chainer import training
8  from chainer.training import extensions
9  from chainer.training.triggers import ManualScheduleTrigger
10
11 from chainercv.extensions import DetectionVOCEvaluator
12 from chainercv.links import FasterRCNNVGG16
13 from chainercv.links.model.faster_rcnn import FasterRCNNTrainChain
14 from chainercv import transforms
15
16 from FashionBbox import FashionBboxDataset
17
18 class Transform(object):
19
20     def __init__(self, faster_rcnn):
21         self.faster_rcnn = faster_rcnn
22
23     def __call__(self, in_data):
24         img, bbox, label = in_data
25         _, H, W = img.shape
26         img = self.faster_rcnn.prepare(img)
27         _, o_H, o_W = img.shape
28         scale = o_H / H
29         bbox = transforms.resize_bbox(bbox, (H, W), (o_H, o_W))
```

```
30
31          # horizontally flip
32          img, params = transforms.random_flip(
33              img, x_random=True, return_param=True)
34          bbox = transforms.flip_bbox(
35              bbox, (o_H, o_W), x_flip=params['x_flip'])
36
37          return img, bbox, label, scale
38
39 data_dir = r'/hdd1/data/FashionData'
40 InDataset = FashionBboxDataset(data_dir)
41 fashion_label = ['upper_body','lower_body', 'full_body']
42 train_size = len(InDataset)*9//10
43 train_data,test_data = chainer.datasets.split_dataset_random(InDataset, train_size, seed=None)
```

以上代码首先导入必要的包，并从同级目录的文件 FashionBbox.py 中导入 FashionBboxDataset 类，再定义一个数据转换的类，将样本转换为 Faster RCNN 所需要的格式，然后按 9:1 的比例分割为训练集和测试集。fashion_label 为类别名称，其顺序索引需和标注的文件一一对应起来。

```
44
45 faster_rcnn = FasterRCNNVGG16(n_fg_class=len(fashion_label),pretrained_model='imagenet')
46 faster_rcnn.use_preset('evaluate')
47 model = FasterRCNNTrainChain(faster_rcnn)
```

第 45~47 行使用了 ChainerCV 中的 FasterRCNNVGG16 接口定义模型，使用了在 ImageNet 上预训练的参数，并传入类别数（在 RCNN 系列中表示为前景类别数量）。然后传入训练接口 FasterRCNNTrainChain 中。

```
48
49 GPUID = 0
50 lr = 0.01
51 step_size = 50000
52 iteration = 100000
53 outdir = 'fasterrcnn_result'
54
```

```
55 if GPUID >= 0:
56     chainer.cuda.get_device_from_id(GPUID).use()
57     model.to_gpu()
58 optimizer = chainer.optimizers.MomentumSGD(lr=lr, momentum=0.9)
59 optimizer.setup(model)
60 optimizer.add_hook(chainer.optimizer.WeightDecay(rate=0.0005))
61
62 train_data = TransformDataset(train_data, Transform(faster_rcnn))
63 train_iter = chainer.iterators.MultiprocessIterator(
64     train_data, batch_size=1, n_processes=None, shared_mem=100000000)
65 test_iter = chainer.iterators.SerialIterator(
66     test_data, batch_size=1, repeat=False, shuffle=False)
67
68 updater = chainer.training.updater.StandardUpdater(
69     train_iter, optimizer, device=GPUID)
70
```

第49~60行定义了训练所用的常量，并转换到对应 GPU 上，定义了优化算法并加入权重衰减操作。第62~69行制作了训练和测试迭代器，训练使用了多进程迭代器接口，可以更多地利用计算机资源，然后用 updater 将训练数据和优化算法关联起来。

```
71 trainer = training.Trainer(
72     updater, (iteration, 'iteration'), out=outdir)
73
74 trainer.extend(
75     extensions.snapshot_object(model.faster_rcnn, 'snapshot_model.npz'),
76     trigger=(iteration, 'iteration'))
77 trainer.extend(extensions.ExponentialShift('lr', 0.1),
78             trigger=(step_size, 'iteration'))
79
80 log_interval = 100, 'iteration'
81 plot_interval = 3000, 'iteration'
82 print_interval = 100, 'iteration'
83
```

```python
84  trainer.extend(chainer.training.extensions.observe_lr(),
85              trigger=log_interval)
86  trainer.extend(extensions.LogReport(trigger=log_interval))
87  trainer.extend(extensions.PrintReport(
88      ['iteration', 'epoch', 'elapsed_time', 'lr',
89       'main/loss',
90       'main/roi_loc_loss',
91       'main/roi_cls_loss',
92       'main/rpn_loc_loss',
93       'main/rpn_cls_loss',
94       'validation/main/map',
95      ]), trigger=print_interval)
96  trainer.extend(extensions.ProgressBar(update_interval=10))
97
98  if extensions.PlotReport.available():
99      trainer.extend(
100         extensions.PlotReport(
101             ['main/loss'],
102             file_name='loss.png', trigger=plot_interval
103         ),
104         trigger=plot_interval
105     )
106
107 trainer.extend(
108     DetectionVOCEvaluator(
109         test_iter, model.faster_rcnn, use_07_metric=True,
110         label_names=fashion_label),
111     trigger=ManualScheduleTrigger(
112         [step_size, iteration], 'iteration'))
113
114 trainer.extend(extensions.dump_graph('main/loss'))
115
116 trainer.run()
```

以上代码是 trainer 主管定义的一些操作，如日志统计信息的输出，损失值的作图，保存日志，在测试集上测试模型，观察并改变学习率等。

当执行训练命令，即运行 python Faster_RCNN_train.py 命令时，如果出现 RuntimeError：

Invalid DISPLAY variable，请在执行命令前加 MPLBACKEND=Agg 命令，即 MPLBACKEND=Agg python Faster_RCNN_train.py。

最后屏幕输出如下，分别对应的是第 88~95 行所设定的输出项，即 iteration、epoch、elapsed_time、lr、roi_loc_loss、roi_cls_loss、rpn_loc_loss、rpn_cls_loss 和 validation/main/map，可以看到最后 map 约有 87.7%，读者可以继续调参优化：

```
   99100    2    24131.1    0.0001  0.146698  0.0544538   0.057419  0.010731
0.024094
   99200    2    24161.2    0.0001  0.150826  0.0600952   0.0583056 0.0114728
0.0209526
   99300    2    24191.5    0.0001  0.136525  0.0537419   0.0482578 0.014827
0.019698
   99400    2    24221.4    0.0001  0.155592  0.0528956   0.0552773 0.0178339
0.0295852
   99500    2    24252.3    0.0001  0.149027  0.0569271   0.0556141 0.0119244
0.0245615
   99600    2    24280.4    0.0001  0.142636  0.0531677   0.0552057 0.0119353
0.0223277
   99700    2    24309.6    0.0001  0.171665  0.0628794   0.0583975 0.0136649
0.0367229
   99800    2    24339.8    0.0001  0.176076  0.0640134   0.073458  0.0147406
0.0238642
   99900    2    24369      0.0001  0.143688  0.0515257   0.0547322 0.0152767
0.0221535
  100000    2    24852.6    0.0001  0.130706  0.0504806   0.0514171 0.00918897
0.0196189    0.877185
```

训练完毕以后，可以使用以下代码来进行检测识别，查看视觉效果。如果没有桌面环境，可以在 Jupyter-Notebook[5] 中使用，执行以下语句，然后使用 detect_img 函数，就可以显示出检测识别结果，如 detect_img('/tmp/test_imgs/1.jpg')：

```
1  import matplotlib.pyplot as plot
2  %matplotlib inline
3
4  import chainer
```

---

[5] http://jupyter.org/

```
 5  from chainercv import utils
 6  from chainercv.visualizations import vis_bbox
 7  from chainercv.links import FasterRCNNVGG16
 8
 9  gpuid = 6
10  pretrained_model = 'fasterrcnn_result/snapshot_model.npz'
11  img_path = r'/tmp/test_imgs/942284_2.jpg'
12  label_names = ('upper_body','lower_body', 'full_body')
13
14  model = FasterRCNNVGG16(n_fg_class=len(label_names),
15          pretrained_model=pretrained_model )
16
17  if gpuid >= 0:
18      chainer.cuda.get_device_from_id(gpuid).use()
19      model.to_gpu()
20
21  def detect_img(img_path):
22      img = utils.read_image(img_path, color=True)
23      bboxes, labels, scores = model.predict([img])
24      bbox, label, score = bboxes[0], labels[0], scores[0]
25
26      vis_bbox(
27          img, bbox, label, score, label_names=label_names)
28      plot.show()
```

基于某公司训练数据集（数据标注员标注过）训练后，在 Jupyter-Notebook 中的测试结果中，预测类别后面跟的数字表示计算机有多少信心相信这个分类是准确的，最大值为1。该数据集与 DeepFashion 类似，但只标注了类型与 BBox，DeepFashion 会更加全面，有兴趣的读者可使用 DeepFashion 进行尝试和学习。

可以从图 5-4 看到，最终的总体效果还是不错的，大部分都可以检测出对的位置和类别，但也有不完美的地方，如图 5-4 所示中的最后一张图片的 BBox 将下装裙子也框住了，而且没有检测出裙子，只检测出了上装，这些都是在工程中需要不断优化模型的地方。

目前开源社区也有其他版本的实现，有的会更快，比如使用并行技术，以下是几个很有名气的实现，感兴趣的读者可以参考：

https://github.com/chainer/chainercv/tree/master/examples/faster_rcnn

https://github.com/ruotianluo/pytorch-faster-rcnn

https://github.com/chenyuntc/simple-faster-rcnn-pytorch

https://github.com/precedenceguo/mx-rcnn

https://github.com/apache/incubator-MXNet/tree/master/example/rcnn

https://github.com/linmx0130/ya_mxdet

https://github.com/jinfagang/keras_frcnn

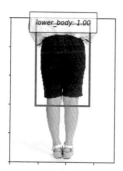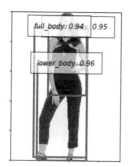

图 5-4 Faster RCNN 检测结果

5.2 SSD

5.2.1 SSD 介绍

RCNN 系列算法包含候选区域提取和精确细化（分类和 BBox 回归）两块，故称为 two-stage 技术。有的学者觉得这样太麻烦了，并提出一步到位的解决方案，这就是 SSD[6]（Single Shot MultiBox Detector）。

SSD 会在总分类数上加一个背景的类别，这样将形成 N+1 个类别，N 表示待分类数，然后再使用一个回归子网络进行 BBox 真值预测。另外 SSD 在各 CNN 子网络都可以进行分类和回归预测，可实现多尺度预测，这样处理的网络对小目标检测效果也不错。

BBox 可以出现在图片中的位置和大小可以是任意的，为了简化计算，SSD 也会使用一些默认的 BBox，或称为 Anchor box，这点和 Faster RCNN 类似。

---

6 http://arxiv.org/abs/1512.02325

如果输入的 BBox 大小为 w×h，那么给定两种参数，s 表示大小，范围是 (0,1]；比例 r，r > 0；那么就会生成两个 Anchor box，形状分别为：ws×hs 和 w/sqrt(r)×h/sqrt(r)，如果 r 和 s 一起使用，那么两者的效果叠加。

如果提供了 m 个 BBox 大小，放入数组 sizes 中，n 个比例，放入数组 ratios 中，此时会生成 m+n-1 个 Anchor box。对于第 i 个 Anchor box：如果 i <= m，那么使用参数 sizes[i] 和 ratios[0]；如果 i > m，则使用参数 sizes[0] 和 ratios[i−m]。

对于一个 Anchor box，需要预测它里面的内容是否包含事先定义好的类别，如为其他的东西，可简单视为背景。此处对每个像素点使用的是核大小为 3×3，输出通道数为"#anchors×(#classes+1+4)"，边缘补齐为 1，步长为 1 的卷积操作，这样输出的平面空间大小不会有变化，只是在通道数方向进行了映射。

例如第 N 个样本在 (i, j) 点像素的输出信息全在 Output[N, :, i, j] 里，它包含了"#anchors×(#classes+1+4)" 个数字，其中 "#classes+1" 表示每个 Anchor box 中属于各个类别的概率大小；4 表示 BBox 回归坐标值。后面再加上步长为 2 的 Max Pooling 进行减半和拼接的操作，实现不同尺寸的输出。

通常一张图片里只有几个所需的主体，因此对应的真值 BBox 数量不多，但通过网络会生成大量的候选 BBox，可以想象，很多生成的 BBox 是不含有或部分含有的主体，即为"背景"类，这可能会引起数据不平衡，所以在计算损失信号的时候，不应该过多考虑它们的影响，只保留部分即可。对于分类常用的交叉熵，也可以使用其他变形；对于回归常用 mse 函数，也可使用 smooth L1 函数（线性增长，且平滑可导）。

此外算法中还用到了 NMS（Non Maximum Suppression），其作用便是对每个像素所生成的 Anchor box 进行筛选，即在几个部分重叠的 Anchor box 中只保留 IOU 最高的那个。

5.2.2 SSD 示例

关于 SSD 的训练和测试，下面仍然使用 Chainer 框架进行示范，会重复使用 Faster RCNN 示例中的数据集，准备文件 FashionBox.py，训练文件代码如下：

```
# SSD_train.py
 1 import copy
 2 import argparse
 3 import numpy as np
```

```
4
5  import chainer
6  from chainer import serializers, training
7  from chainer.optimizer import WeightDecay
8  from chainer.training import extensions, triggers
9  from chainer.datasets import ConcatenatedDataset, TransformDataset
10
11 from chainercv import transforms
12 from chainercv.links import SSD300, SSD512
13 from chainercv.links.model.ssd import GradientScaling, multibox_loss
14 from chainercv.links.model.ssd import random_crop_with_bbox_constraints
15 from chainercv.links.model.ssd import random_distort
16 from chainercv.links.model.ssd import resize_with_random_interpolation
17 from chainercv.extensions import DetectionVOCEvaluator
18
19 from FashionBbox import FashionBboxDataset
20
21 class MultiboxTrainChain(chainer.Chain):
22
23     def __init__(self, model, alpha=1, k=3):
24         super(MultiboxTrainChain, self).__init__()
25         with self.init_scope():
26             self.model = model
27         self.alpha = alpha
28         self.k = k
29
30     def __call__(self, imgs, gt_mb_locs, gt_mb_labels):
31         mb_locs, mb_confs = self.model(imgs)
32         loc_loss, conf_loss = multibox_loss(
33             mb_locs, mb_confs, gt_mb_locs, gt_mb_labels, self.k)
34         loss = loc_loss * self.alpha + conf_loss
35
36         chainer.reporter.report(
```

```
37              {'loss': loss, 'loss/loc': loc_loss, 'loss/conf':
conf_loss},
38              self)
39
40        return loss
41
```

以上代码首先也是导包过程，然后定义了一个网络，主要继承了 chainer.Chain 类，然后添加了损失函数的计算。multibox_loss 详细定义了可以查看 ChainerCV 框架的源码，单纯的 Python 代码，用户体验友好。

```
42  class Transform(object):
43
44      def __init__(self, coder, size, mean):
45          # to send cpu, make a copy
46          self.coder = copy.copy(coder)
47          self.coder.to_cpu()
48
49          self.size = size
50          self.mean = mean
51
52      def __call__(self, in_data):
53          # There are five data augmentation steps
54          # 1. Color augmentation
55          # 2. Random expansion
56          # 3. Random cropping
57          # 4. Resizing with random interpolation
58          # 5. Random horizontal flipping
59          img, bbox, label = in_data
60
61          # 1. Color augmentation
62          img = random_distort(img)
63
64          # 2. Random expansion
65          if np.random.randint(2):
66              img, param = transforms.random_expand(
67                  img, fill=self.mean, return_param=True)
```

```
 68            bbox = transforms.translate_bbox(
 69                bbox, y_offset=param['y_offset'], x_offset=param['x_offset'])
 70
 71            # 3. Random cropping
 72            img, param = random_crop_with_bbox_constraints(
 73                img, bbox, return_param=True)
 74            bbox, param = transforms.crop_bbox(
 75                bbox, y_slice=param['y_slice'], x_slice=param['x_slice'],
 76                allow_outside_center=False, return_param=True)
 77            label = label[param['index']]
 78
 79            # 4. Resizing with random interpolatation
 80            _, H, W = img.shape
 81            img = resize_with_random_interpolation(img, (self.size, self.size))
 82            bbox = transforms.resize_bbox(bbox, (H, W), (self.size, self.size))
 83
 84            # 5. Random horizontal flipping
 85            img, params = transforms.random_flip(
 86                img, x_random=True, return_param=True)
 87            bbox = transforms.flip_bbox(
 88                bbox, (self.size, self.size), x_flip=params['x_flip'])
 89
 90            # Preparation for SSD network
 91            img -= self.mean
 92            mb_loc, mb_label = self.coder.encode(bbox, label)
 93
 94            return img, mb_loc, mb_label
 95
```

第 42~94 行定义了对输入图片的前期操作，包括一些图像增广技术、均值化、编码为 SSD 网络所需要的格式。

```python
 96 def main():
 97     parser = argparse.ArgumentParser()
 98     parser.add_argument(
 99         '--model', choices=('ssd300', 'ssd512'),
default='ssd300')
100     parser.add_argument('--batchsize', type=int, default=32)
101     parser.add_argument('--gpu', type=int, default=-1)
102     parser.add_argument('--out', default='result')
103     parser.add_argument('--resume')
104     args = parser.parse_args()
105     fashion_label = ['upper_body','lower_body', 'full_body']
106
107     if args.model == 'ssd300':
108         model = SSD300(
109             n_fg_class=len(fashion_label),
110             pretrained_model='imagenet')
111     elif args.model == 'ssd512':
112         model = SSD512(
113             n_fg_class=len(fashion_label),
114             pretrained_model='imagenet')
115
116     model.use_preset('evaluate')
117     train_chain = MultiboxTrainChain(model)
118     if args.gpu >= 0:
119         chainer.cuda.get_device_from_id(args.gpu).use()
120         model.to_gpu()
121
122     data_dir = r'/hdd1/data/FashionData'
123     InDataset = FashionBboxDataset(data_dir)
124
125     train_size = len(InDataset)*9//10
126     train_data,test_data = chainer.datasets.split_dataset_random(InDataset, train_size, seed=None)
127
128     train = TransformDataset(train_data,Transform(model.coder, model.insize, model.mean))
129     train_iter = chainer.iterators.MultiprocessIterator(train, args.batchsize)
```

```
130
131     test_iter = chainer.iterators.SerialIterator(
132         test_data, args.batchsize, repeat=False, shuffle=False)
133
134     # initial lr is set to 1e-3 by ExponentialShift
135     optimizer = chainer.optimizers.MomentumSGD()
136     optimizer.setup(train_chain)
137     for param in train_chain.params():
138         if param.name == 'b':
139             param.update_rule.add_hook(GradientScaling(2))
140         else:
141             param.update_rule.add_hook(WeightDecay(0.0005))
142
143     updater = training.StandardUpdater(train_iter, optimizer, device=args.gpu)
144     trainer = training.Trainer(updater, (50000, 'iteration'), args.out)
145     trainer.extend(
146         extensions.ExponentialShift('lr', 0.1, init=1e-3),
147         trigger=triggers.ManualScheduleTrigger([40000, 45000], 'iteration'))
148
149     trainer.extend(
150         DetectionVOCEvaluator(
151             test_iter, model, use_07_metric=True,
152             label_names=fashion_label),
153         trigger=(10000, 'iteration'))
154
155     log_interval = 10, 'iteration'
156     trainer.extend(extensions.LogReport(trigger=log_interval))
157     trainer.extend(extensions.observe_lr(), trigger=log_interval)
158     trainer.extend(extensions.PrintReport(
159         ['epoch', 'iteration', 'lr',
160          'main/loss', 'main/loss/loc', 'main/loss/conf',
161          'validation/main/map']),
162         trigger=log_interval)
163     trainer.extend(extensions.ProgressBar(update_interval=10))
```

```
164
165     trainer.extend(extensions.snapshot(), trigger=(10000,
'iteration'))
166     trainer.extend(
167         extensions.snapshot_object(model, 'model_iter_
{.updater.iteration}'),
168         trigger=(50000, 'iteration'))
169
170     if args.resume:
171         serializers.load_npz(args.resume, trainer)
172
173     trainer.run()
174
175 if __name__ == '__main__':
176     main()
```

接着便是定义整个主训练函数 main，这里使用了 argparse 来解析命令行参数，便于动态使用各种参数训练，而非像 Faster RCNN 示例那样每次改变参数都得修改文件内容，比如分别用两个 GPU 在两个不同的数据集上同时训练两个模型。训练时可以选择使用 SSD300 或是 SSD512 来训练，然后是数据集迭代器的准备，这里选择优化算法并加入勾子函数。最后使用 trainer 将各个部件关联起来，并加入测试和输出打印统计信息等操作，执行训练，如 python SSD_train.py -model ssd300 -gpu 2 -out ssd_result。

训练的数据集和 Faster RCNN 中的一样，最后屏幕输出如下，其最终的 map 约为 89.4%，效果比 Faster RCNN 的要好一些。

```
33      49900       1e-05       1.16788     0.245111    0.922764
33      49910       1e-05       1.13762     0.229226    0.908395
33      49920       1e-05       1.17756     0.237823    0.93974
33      49930       1e-05       1.18025     0.243389    0.936862
33      49940       1e-05       1.23874     0.254431    0.984308
33      49950       1e-05       1.21642     0.262312    0.954105
33      49960       1e-05       1.33804     0.267004    1.07103
33      49970       1e-05       1.25447     0.266656    0.987816
33      49980       1e-05       1.22534     0.226297    0.999041
33      49990       1e-05       1.12613     0.241051    0.885079
33      50000       1e-05       1.12852     0.245795    0.88272
0.893618
```

训练完毕后可用类似于 Faster RCNN 示例中的检测识别代码进行效果查看,只需将第 14~15 行改为 SSD300 或 SSD512(如果训练中使用的是 SSD512)即可,并修改第 10 行对应的模型文件。

```python
import matplotlib.pyplot as plot
%matplotlib inline

import chainer
from chainercv import utils
from chainercv.visualizations import vis_bbox
from chainercv.links import SSD300

gpuid = 0
pretrained_model = 'ssd_result/model_iter_50000'
img_path = r'/tmp/test_imgs/10.jpg'
label_names = ('upper_body','lower_body', 'full_body')

model = SSD300(
    n_fg_class=len(label_names),
    pretrained_model=pretrained_model )

if gpuid >= 0:
    chainer.cuda.get_device_from_id(gpuid).use()
    model.to_gpu()

def detect_img(img_path):
    img = utils.read_image(img_path, color=True)
    bboxes, labels, scores = model.predict([img])
    bbox, label, score = bboxes[0], labels[0], scores[0]

    vis_bbox(
        img, bbox, label, score, label_names=label_names)
    plot.show()
```

图 5-5 是使用 SSD300 对同样的测试图片进行检测识别的结果。可以看出,SSD300 与 Faster RCNN 测试的差异,这里第 4 张图片,检测更加准确,但下装裙子仍然未被检测出来;另外第二张和第三张 Faster RCNN 中识别出了更多的东西而 SSD 没有,到底如

何识别就涉及到了原始训练数据的情况,这些都是工程中需要考虑的问题,本书认为示例中 SSD300 的效果暂时优于 Faster RCNN,类别和 BBox 都更符合人类的视觉感官感受。

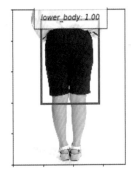

图 5-5 SSD 检测结果

SSD 开源实现如下:

https://github.com/chainer/chainercv/tree/master/examples/ssd

https://github.com/amdegroot/ssd.pytorch

https://github.com/kuangliu/pytorch-ssd

https://github.com/ljanyst/ssd-tensorflow

https://github.com/pierluigiferrari/ssd_keras

https://github.com/apache/incubator-MXNet/tree/master/example/ssd

5.3 YOLO

5.3.1 YOLO V1、V2 和 V3 介绍

Faster RCNN 和 SSD 都会生成大量的 Anchor box,计算量还是很大,且重复多,所以速度相对较慢。YOLO 实现了一种简单有效的想法,且速度快。

YOLO 字面意思为 You Only Look Once,即只看一次就可以解决问题。目前 YOLO

有三个版本：YOLO V1[7]，YOLO V2[8]，YOLO V3[9]。YOLO 的作者 Joseph Redmon[10] 很"萌"但实力强大，经常"吐槽"其他网络模型。

YOLO 的核心思想是将整张图片经过神经网络直接输出 BBox 位置信息和类别信息。最终的输出会分成 S×S 个网格，如果某真实主体中心落在这些格中，那么这个格子就负责检测这个主体。这个格子一般会预测 B 个 BBox，每个 BBox 除了包括位置信息，还会有一个信心值 Confidence，利用 Pr(Object)×IOU，表达了有没有主体和 BBox 准确率两种信息。有主体时 Pr(Object) 为 1，没有主体时 Pr(Object) 为 0；IOU 为预测的 BBox 与真实的 BBox 之间的 IOU 值。然后对于类别会做类似 Softmax 的操作，假如有 C 个主体类别，那么一个网格就会输出（5×B+C）个信息，那么所有网格的输出就是 S×S×（5×B+C）的量。

从上面可以看出，每个 YOLO 格子只负责做一个主体的检测与识别，由于 CNN 有采样过程，分辨率逐渐减小，所以当两个主体十分接近，而且主体又特别小的时候，YOLO 的效果不会那么好，当然所有的检测算法都会面临这一挑战。在预测阶段则对每个网格进行类别预测，取高于某个阈值的检测结果，然后再进行 NMS 操作得到最终结果。

为了提高检测的准确度和召回率，YOLO V2 出现了。它提高了训练图像的分辨率，同时引入了 Faster RCNN 中 Anchor box 的思想，并设计了 Darknet-19 分类网络结构。

YOLO V2 中的 Anchor box 和 Faster RCNN 中人为设定的不一样，它会对标注的真实 BBox 进行 K-Means 聚类，自动提取具有代表性的 Anchor box。

另外 YOLO V2 中使用了类似 ResNet 跨层传递的方法来增加细精度特征。训练时使用的也是多尺度图像，从 320 到 608，它们是 32 的倍数，因为采样倍数为 32，这样保证了输出为整形。

Darknet-19 分类网络结构如图 5-6 所示，主要使用了 3×3 加池化，然后加倍通道数，再利用 1×1 卷积降通道数，最后使用全局平均池化代替 YOLO V1 版本中的全连接做预测分类。

检测网络则是去掉分类网络最后的 1×1 卷积层，然后接上 3 个核为 3×3 输出通道为 1024 的卷积层，再接上类别个数的 1×1 卷积层。

7　https://arxiv.org/pdf/1506.02640.pdf
8　https://arxiv.org/pdf/1612.08242.pdf
9　https://pjreddie.com/media/files/papers/YOLOv3.pdf
10　https://pjreddie.com/static/Redmon%20Resume.pdf

Type	Filters	Size/Stride	Output
Convolutional	32	3 × 3	224 × 224
Maxpool		2 × 2/2	112 × 112
Convolutional	64	3 × 3	112 × 112
Maxpool		2 × 2/2	56 × 56
Convolutional	128	3 × 3	56 × 56
Convolutional	64	1 × 1	56 × 56
Convolutional	128	3 × 3	56 × 56
Maxpool		2 × 2/2	28 × 28
Convolutional	256	3 × 3	28 × 28
Convolutional	128	1 × 1	28 × 28
Convolutional	256	3 × 3	28 × 28
Maxpool		2 × 2/2	14 × 14
Convolutional	512	3 × 3	14 × 14
Convolutional	256	1 × 1	14 × 14
Convolutional	512	3 × 3	14 × 14
Convolutional	256	1 × 1	14 × 14
Convolutional	512	3 × 3	14 × 14
Maxpool		2 × 2/2	7 × 7
Convolutional	1024	3 × 3	7 × 7
Convolutional	512	1 × 1	7 × 7
Convolutional	1024	3 × 3	7 × 7
Convolutional	512	1 × 1	7 × 7
Convolutional	1024	3 × 3	7 × 7
Convolutional	1000	1 × 1	7 × 7
Avgpool		Global	1000
Softmax			

图 5-6 Darknet-19 结构

YOLO V2 中的输出是 S×S×#anchors×(5+#classes)，即每个 Anchor box 会负责自己的位置信息、信心值和类别概率，这与 YOLO V1 不同。YOLO V2 速度比 Faster RCNN 和 SSD 快，但牺牲的是准确度。

YOLO V3 是 YOLO 系列最新版本，于 2018 年发表，主要针对的是小目标检测，其结果也有很好的鲁棒性，很大程度上解决了小目标难题。YOLO V3 使用多个独立的 Logistic 分类器替代了 YOLO V2 中的 softmax 分类器，Anchor box 聚类了 9 个，而不是 YOLO V2 版中的 5 个，而且每个尺度预测 3 个 BBox，基础网络使用了 Darknet-53。其优点是性能高，背景误检测率低，通用性强；但劣势仍然是准确度和召回低。

3 个版本的 YOLO 作者都在 Darknet 框架下开源，由 C 和 CUDA 实现，对第三方库依赖较少，平台移植性强，官方网站为 https://pjreddie.com/darknet/yolo/，可以直接下载使用。目前网上也有很多其他开源版本的实现，读者可自行发现，本书将以 YOLO V3 的开源代码作示例演示。

5.3.2 Keras 版本 YOLO V3 示例

上面使用的是开源版本 [11]，环境为 TensorFlow 1.8.0 与 Keras 2.1.5。

---

11 https://github.com/qqwweee/keras-yolo3

如果使用 TensorFlow 1.8.0 中的 Keras 需要对各个 Keras 包的导入作对应的修改，但在转换 Darknet 时会出错，在训练时发现会存在 skip_mismatch 错误，因为 TensorFlow 1.8.0 版本中 Keras API 没有这个参数，可再装一个单独的 Keras（pip install keras==2.1.5）。

可能有的读者在训练时会发现一直在用 CPU 没有用 GPU，这是只装了 tensorflow 而没有装 tensorflow-gpu 的原因。

对于 CPU 和 GPU 的使用情况，可以用命令 htop 和 nvidia-smi -l 3 来查看。另外如果读者有多块 GPU，建议在训练文件 train.py 中加入以下代码：

```
import os
os.environ["CUDA_VISIBLE_DEVICES"] = "0" # GPU ID

import tensorflow as tf
config = tf.ConfigProto()
config.gpu_options.allow_growth = True

from keras.backend.tensorflow_backend import set_session
set_session(tf.Session(config=config))
```

keras-yolo3 开源版本主要目录结构如下，笔者这里多了几个 txt 文件，后面会解释来源：

```
keras-yolo3
├── 2007_test.txt
├── 2007_train.txt
├── 2007_val.txt
├── convert.py
├── font
│   ├── FiraMono-Medium.otf
│   └── SIL Open Font License.txt
├── LICENSE
├── logs
│   └── 000
├── model_data
│   ├── coco_classes.txt
│   ├── my_yolo.h5
│   ├── voc_classes.txt
```

```
|       ├── yolo_anchors.txt
|       ├── yolo.h5
|       └── yolo_weights.h5
├── README.md
├── resluts.jpg
├── train.npz
├── train.py
├── voc_annotation.py
├── yolo3
|       ├── __init__.py
|       ├── model.py
|       ├── __pycache__
|       └── utils.py
├── yolo.py
├── yolov3.cfg
└── yolo_video.py
```

首先从 git 上拉取作者的源码，网址如下，然后制作数据集，这里使用公开的数据集 VOC-2007，将其下载到一个空间足够的目录，再解压。

wget https://pjreddie.com/media/files/VOCtrainval_06-Nov-2007.tar

wget https://pjreddie.com/media/files/VOCtest_06-Nov-2007.tar

接着使用 voc_annotation.py 制作标注文件和标签文件，这里作了以下改动，将其在源码目录下生成标注文件和标签文件，具体代码如下：

```
# voc_annotation.py
1 import xml.etree.ElementTree as ET
2
3 sets=[('2007', 'train'), ('2007', 'val'), ('2007', 'test')]
4 classes = ["aeroplane", "bicycle", "bird", "boat", "bottle", "bus", "car", "cat", "chair", "cow", "diningtable", "dog", "horse", "motorbike", "person", "pottedplant", "sheep", "sofa", "train", "tvmonitor"]
5
6 basedir = r'/home/dataset'
7
8 def convert_annotation(year, image_id, list_file):
```

```
 9          in_file = open(basedir+f'/VOCdevkit/VOC{year}/Annotations/{image_id}.xml')
10          tree=ET.parse(in_file)
11          root = tree.getroot()
12
13          for obj in root.iter('object'):
14              difficult = obj.find('difficult').text
15              cls = obj.find('name').text
16              if cls not in classes or int(difficult)==1:
17                  continue
18              cls_id = classes.index(cls)
19              xmlbox = obj.find('bndbox')
20              b = (int(xmlbox.find('xmin').text), int(xmlbox.find('ymin').text), int(xmlbox.find('xmax').text), int(xmlbox.find('ymax').text))
21              list_file.write(" " + ",".join([str(a) for a in b]) + ',' + str(cls_id))
22
23 for year, image_set in sets:
24     image_ids = open(basedir+f'/VOCdevkit/VOC{year}/ImageSets/Main/{image_set}.txt').read().strip().split()
25     list_file = open(f'{year}_{image_set}.txt', 'w')
26     for image_id in image_ids:
27         list_file.write(f'{basedir}/VOCdevkit/VOC{year}/JPEGImages/{image_id}.jpg')
28         convert_annotation(year, image_id, list_file)
29         list_file.write('\n')
30     list_file.close()
```

以上代码主要是添加了第 6 行 basedir 为存放 VOC 数据集的父目录，然后修改了对应的第 11 行、第 26 行和第 29 行代码。注意第 4 行类别信息的顺序需要和 model_data/voc_classes.txt 顺序保持一致。然后执行 python voc_annotation.py，便可以在 keras-yolo3 目录下生成 2007-train/val/test.txt 三个文件。可以使用 tail 查看文件见容，三个文件内容格式一样：

```
$ tail 2007_train.txt
/home/dataset/VOCdevkit/VOC2007/JPEGImages/009920.jpg
```

```
9,213,321,419,6
    /home/dataset/VOCdevkit/VOC2007/JPEGImages/009926.jpg
119,84,238,285,14 298,6,490,359,14 77,157,280,323,1 299,146,443,375,1
    /home/dataset/VOCdevkit/VOC2007/JPEGImages/009938.jpg
137,55,320,340,13 242,1,325,52,6
    /home/dataset/VOCdevkit/VOC2007/JPEGImages/009940.jpg
218,114,387,375,2 135,133,365,375,2
    /home/dataset/VOCdevkit/VOC2007/JPEGImages/009942.jpg
11,1,221,207,14 2,9,365,332,14 265,2,500,332,14
    /home/dataset/VOCdevkit/VOC2007/JPEGImages/009944.jpg
87,120,329,291,13 145,38,305,290,14
```

这就是最终训练所需要的文件，每行的格式为：图片绝对路径 BBox1 BBox2 … BBoxN，注意使用空格隔开；BBox 的格式则为：x_min,y_min,x_max,y_max,class_id，注意没有空格，有空格就会解析错误，即认为空格两侧为图片路径或 BBox，而不是 BBox 的具体内容。

如果读者需要针对自己的数据集训练，那么只需要按格式"图片绝对路径 BBox1 BBox2 … BBoxN"准备文件即可，另外 class_id 需要和自己的类别标签文件（your_classes）一一对应起来。

然后下载 Darknet 上 YOLO V3 的权重：wget https://pjreddie.com/media/files/yolov3.weights。

再执行 python convert.py yolov3.cfg yolov3.weights model_data/yolo.h5 进行模型转换，第三个参数为 model_data/yolo.h5 的原因是训练文件 train.py 中的 _main 函数直接会调用这个文件。再将 annotation_path 改这 2007_train.txt，示例代码如下：

```
annotation_path = '2007_train.txt'
data_path = 'train.npz'
output_path = 'model_data/my_yolo.h5'
```

现在执行 python train.py 进行训练，屏幕输出如下。最终模型会保存在 model_data/my_yolo.h5。在 log 目录下还有很大的日志文件，如果不用了可以直接删除。

```
Epoch 26/30
2250/2250 [==============================] - 33s 15ms/step - loss: 12.6719 - val_loss: 13.9407
```

```
    Epoch 27/30
    2250/2250 [==============================] - 33s 15ms/step - loss: 12.6127 -
val_loss: 13.7355
    Epoch 28/30
    2250/2250 [==============================] - 33s 15ms/step - loss: 12.5643 -
val_loss: 13.6421
    Epoch 29/30
    2250/2250 [==============================] - 34s 15ms/step - loss: 12.4544 -
val_loss: 13.4398
    Epoch 30/30
    2250/2250 [==============================] - 33s 15ms/step - loss: 12.3406 -
val_loss: 13.4213
```

现在就可以作测试了，由于本书没有使用 ubuntu 桌面环境，所以在 yolo.py 的 detect_image 函数返回前加了一句 image.save('resluts.jpg')，同时在文件起始处加了 GPU 使用设置，如训练文件一样。

图 5-7 是在网上找到的一张图片，测试效果还是非常不错，对距离很近的主体算法检测识别效果挺好，但不可避免也存在漏检，如最右边的自行车。

图 5-7 YOLO v3 检测结果

另外还有对视频进行检测，读者可以自行尝试。

目前在电商领域香港中文大学公开了一个数据集 DeepFashion，里面内容十分丰富。读者可以利用 YOLO V3 在 DeepFashion 上做训练测试，比如上装、下装、全身装（需要对其标注文件作相应处理）。另外关于数据的 train.txt 文件，由于训练文件 train.py 中分割使用的是 split(' ') 函数，如果图片绝对路径有空格，而正好图片又只有一个 BBox，那么可以 rsplit(' ', 1) 来替换前述 split 函数。

train.py 中的 _main 函数的常量也得重新定义，可作如下类似定义，其中 yolo_anchors 可以使用聚类操作获取新值，这样更加准确：

```
annotation_path = 'clothes_train.txt'
data_path = 'clothes_train.npz'
output_path = 'model_data/clothes_yolo.h5'
log_dir = 'logs/000/'
classes_path = 'model_data/clothes_classes.txt'
anchors_path = 'model_data/yolo_anchors.txt'
```

如果读者在训练过程中出现 MemoryError，那么表示训练数据集太大了，可以分成几个小份训练。

下面是各个框架下 YOLO 不同版本的开源实现，其中 ChainerCV 已经在官方 repo 中实现了 YOLO V3[12]，有兴趣的读者可深入研究其完整实现，相信在这个过程中大家对其训练与测试的细节可以理解的更加透彻。

https://github.com/thtrieu/darkflow

https://github.com/WojciechMormul/yolo2

https://github.com/longcw/yolo2-pytorch

https://github.com/marvis/pytorch-yolo2

https://github.com/ruiminshen/yolo2-pytorch

https://github.com/allanzelener/YAD2K

https://github.com/chainer/chainercv/blob/master/chainercv/links/model/yolo/yolo_v3.py

https://github.com/yukitsuji/Yolo_v2_chainer

https://github.com/leetenki/YOLOv2

https://github.com/zhreshold/mxnet-yolo

https://github.com/ayooshkathuria/pytorch-yolo-v3

https://github.com/qqwweee/keras-yolo3

---

12 https://github.com/chainer/chainercv/tree/master/examples/detection

> **注意** 不同的开源所使用的环境（包的版本）一般不同，故如果读者使用的环境不同，那么就需要对应修改源码。

5.4 本章总结

本章介绍了三大主流的目标检测算法，检测准确度由高到低分别是：Faster RCNN、SSD 和 YOLO，但检测速度则是由慢到快。当然这是一般情况下，具体业务场景可能情况不同。

在实际应用中需要在速度与准确度之间作权衡，比如实时性要求高的自然对速度相对更加看重，而线下等场景时间概念不需要那么强，准确度当然就是首要指标。

这些检测识别算法都会存在漏检或检错等情况，这是可以理解的，因为算法前期做了很多强假设，然后在这些假设下进行解决问题的算法设计。所以在实际应用中，需要深入理解业务场景是否与算法匹配，比如书法，钢笔和毛笔都是笔，但写出的字差异是非常大的。

如果有数据标注的需求，目前网上有很多工具可以实现这一功能，比如 LabelImg 等。对于开源实现可以参照论文去分析开源代码，比如网络的定义、损失函数的选择和实现等。里面常常含有非常多的矩阵操作以及数据处理流程，而且很多开源代码不一定完全符合原论文，但如果实现的效果已经非常好了，那么从工程角度来看，这些差异是可以忽略的。

第 6 章

图像分割

图像分割通俗地讲是将图像细分为多个图像子区域的过程，使得图像更加易于理解和分析。图像分割主要用于定位物体的边界，即将每个像素进行分类，使得同一物体具有共同的类别属性，即可展现出共同的视觉特性。分割时一般会使用某种属性（颜色、亮度、纹理等）的相似度量方法，使得同一个子区域中的像素在此方法的计算下都很相似，而不同区域则差异很大，即：类内差异小，类间差异大。

图像分割应用领域也非常广泛，包括医学影像、自动驾驶、交通控制、人脸识别、指纹识别等。

面对各种现实场景，分割方法种类多样，但目前还没有特别统一普适的方法，需要与特定的业务相结合，才可能有效地解决对应的业务问题。

传统的分割算法主要有 K-means 聚类算法、边缘检测、区域生长、水平集、直方图、图论等。

K-means 聚类算法，它首先会从总的数据对象中选择 k 个对象作为初始的聚类中心，然后扫描剩下的其他对象，按其与各聚类中心的相似距离进行划分，然后在每个新的划分中重新计算聚类中心，不断重复这两步，直到中心变化不大或达到最大迭代次数。此处的相似距离常常指像素与聚类中心的绝对差异或差异的平方，这种差异通常有颜色、纹理、位置或它们的加权组合。该算法对初始聚类中心和聚类个数依赖较强。

边缘检测法，它是提取图像中不连续部分的特征，对图像的灰度变化进行度量。目前常用的边缘检测算子有梯度、Canny、Sobel 等，OpenCV 中有许多实现。

深度学习方面的算法则是基于 CNN，比如 FCN、SegNet、DeepLab、RefineNet、PSPNet、Mask R-CNN、MaskLab、FCIS 和 PANet 等。

本章将根据不同的分割粒度，介绍三个层面的图像分割算法：物体分割、语义分割和实例分割。

6.1 物体分割

首先，面对一个场景时，人类常常会自动地注意到某些他们感兴趣的区域，而选择性地忽略不感兴趣的区域，感兴趣区域（ROI）也常称为显著性区域，这就是所谓视觉注意机制（Visual Attention Mechanism，VA）。

那么研究 VA 有什么用呢？简单想象两个场景，一个是广告投放，在广告图片中，要考虑受众更关心的是什么，怎样做出更好的广告。另一个是安防领域，如行人检测、人脸识别、异常举动检测等。其实，目标检测与识别也是 VA 的一部分，只不过现在不仅仅要求给出一个矩形框，还需要更加细的信息。目前常常包括物体分割与注视点预测，本书只关注物体分割。如图 6-1 所示展示了分割与注意机制。

物体分割初级的操作就是将图像的前景和背景进行分割，前景一般包含大家关心的物体，本节主要讲解 Grab Cuts 算法，并做相应示范。

要了解 Grab Cuts，首先需要了解 Graph Cuts。Graph Cuts 属于图分割技术，可用于前景背景分割（Image Segmentation）、立体视觉（Stereo Vision）和抠图（Image Matting）等，它将图像分割与图论（Graph Theory）中的最小割（min cut）联系起来。

图 6-1 物体分割与注视点预测[1]

图 6-2 展示了 Graph Cuts 将图像（Image）转换为图（Graph）的过程：首先将图像中的像素点转换为无向图 <V,E> 中的顶点（Vertex），相邻像素间用实边连接。在图中添加两个 Terminal 顶点，分别用 S 和 T 表示，可理解为代表前景和背景，这两个点之外的其他点都会与这两个顶点相连，就是图 6-2 中的虚线边。

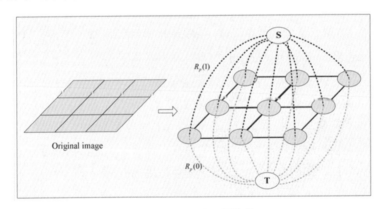

图 6-2 Graph Cut 图转换

图 6-2 中每条边都有一个非负的权值 We，可理解为 cost（代价或者费用）。一个 cut（割集）就是图中边集合 E 的一个子集，这个 cut 的 cost 就是子集内所有边（虚边和实边）权值的总和，不同 cut 间的边界就是前景和背景的分界。如果一个 cut 内所有边的权值之和最小，那么它就是 min cut。如果将图像转换为这种 S-T 图，然后再找到两个互补的 cuts，那么就完成了图像分割，找出了前景物体。

---

1 http://openaccess.thecvf.com/content_cvpr_2018/CameraReady/0178.pdf

Boykov 和 Kolmogorov 在 Interactive Graph Cuts for Optimal Boundary & Region Segmentation of Objects in N-D Images 文章[2]中发明了 max-flow/min-cut 算法来获取 S-T 图的 min cut，分割结果取决于边的权值。那么怎样确定边的权值呢？前景物体可以视为 1，背景视为 0，那么图像分割的结果就是对每个像素进行二分类，在 S-T 图中就可以最小化前景 cut 和背景 cut 的总 cost，表达如下：

$$Cost(L) = \alpha R(L) + B(L)$$

L 表示整个图像所有像素点标签的集合，可能的取值分别为 0 和 1，整个详细的表达如表 6-1 所示。

表6-1 Graph Cuts损失表达

$R(L) = \sum_{p \in P} R_p(I_p)$	$R_p(1) = -l_n \Pr(I_p\|1)$ $R_p(0) = -l_n \Pr(I_p\|0)$
$B(L) = \sum_{\{p,q\} \in N} B_{\{p,q\}} * \delta(I_p, I_q)$	$B_{(p,q)} \propto \exp(-\frac{(I_p - I_q)^2}{2\delta^2}) * \frac{1}{dist(p,q)}$ $\delta(I_p, I_q) = \begin{cases} 0, if\ I_p = I_q \\ 1, if\ I_p \neq I_q \end{cases}$

$R(L)$ 表示区域 cost，而 $B(L)$ 则表示边界的 cost，α 表示区域与边界之间的 cost 权衡，为 0 时就只考虑边界效果。$R_p(I_p)$ 表示像素 p 分配标签 I_p 的 cost，可以通过比较像素 p 的灰度与前景的灰度直方图获取，即像素 p 属于标签 I_p 的概率，即希望最大化这个概率，或最小化概率的对数的负值。

$B(L)$ 则表示相邻像素的惩罚，体现了边界效应。p 和 q 越相似，$B\{p, q\}$ 就越大；而 p 和 q 差异越大，则 $B\{p, q\}$ 就越小。通过这样的方式，将其算进总的 cost 中，即可考虑边界效应。具体推理可查看原论文。

Grab Cut 则是 Graph Cut 的进阶版本，使用的迭代方法。视觉库 OpenCV 根据 "GrabCut" - Interactive Foreground Extraction using Iterated Graph Cuts[3] 实现了 Grab Cut 算法。该算法利用少量与用户的交互操作，通过图像中的纹理与边界信息就可以得到比较好的分割结果。

---

[2] http://www.csd.uwo.ca/~yuri/Papers/iccv01.pdf
[3] https://cvg.ethz.ch/teaching/cvl/2012/grabcut-siggraph04.pdf

Graph Cut 基于的是灰度直方图，而 Grab Cut 使用的是 RGB 三通道的混合高斯模型（Gaussian Mixture Model，GMM），有一个迭代学习的过程。

在 Grab Cut 算法中，用户需要框选前景区域，算法自动会将框外的部分视为背景，同时支持不完全标注。

此处使用 OpenCV 中的例子[4]作示范，但原例子中画框使用的是鼠标右键，在操作过程中很难达到效果，所以改为了中键，修改部分代码如下：

```
def onmouse(event,x,y,flags,param):
    global img,img2,drawing,value,mask,rectangle,rect,rect_or_mask,ix,iy,rect_over

    # Draw Rectangle
    if event == cv.EVENT_MBUTTONDOWN:
        rectangle = True
        ix,iy = x,y

    elif event == cv.EVENT_MOUSEMOVE:
        if rectangle == True:
            img = img2.copy()
            cv.rectangle(img,(ix,iy),(x,y),BLUE,2)
            rect = (min(ix,x),min(iy,y),abs(ix-x),abs(iy-y))
            rect_or_mask = 0

    elif event == cv.EVENT_MBUTTONUP:
        rectangle = False
        rect_over = True
        cv.rectangle(img,(ix,iy),(x,y),BLUE,2)
        rect = (min(ix,x),min(iy,y),abs(ix-x),abs(iy-y))
        rect_or_mask = 0
        print(" Now press the key 'n' a few times until no further change \n")
```

整个的操作流程如下：

首先在键盘上按 1，使用鼠标中键画出一个矩阵框来框选前景，然后再按键盘上的 n 键进行处理，便能得到初始分割结果；如果不满意，则可使用以下几种方式进行细微的调整。

---

[4] https://github.com/opencv/opencv/blob/master/samples/python/grabcut.py

（1）按键盘上的 1+ 鼠标左键：画出明确是前景的部分，白色。

（2）按键盘上的 0+ 鼠标左键：画出明确是背景的部分，黑色。

（3）按键盘上的 2+ 鼠标左键：画出可能是背景的部分，绿色。

（4）按键盘上的 3+ 鼠标左键：画出可能是前景的部分，红色。

（5）按键盘上的 n 进行处理并输出结果。

（6）按键盘上的 s 进行保存。

（7）按键盘上的 r 取消所有操作，即 reset。

最终的结果如图 6-3 所示，可以看到，如果背景和前景边界很相似（最后一张图），难以区分，那么其分割效果相对较差；而如果背景和前景差异比较明显，那么分割效果相对较好，如第一张图；而真正想分割好目标对象，则需要结合几种操作，如第二张图；第三张图的结果右边中部有部分分割成背景了，此时应该使用按键 1+ 鼠标左键进行前景明确。

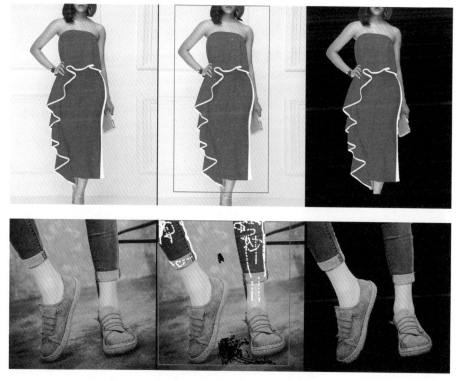

图 6-3 Grab Cut 物体分割结果

图 6-3 Grab Cut 物体分割结果（续）

所以 Grab Cut 这种方法也有一定的适用范围，读者需要结合真实场景来运行它。另外深度学习也在物体分割方面有一些论文，比如 Deep Image Matting[5]，Joker 有对此文章进行复现的开源项目[6]。

6.2 语义分割

物体分割中是将图像中的主体与背景分离开来，常常利用的是灰度值的不连续和相似的性质，不需要区分主体间的差别。

而语义分割（Semantic Segmentation）主要是在像素级别进行分类，同类别的分为一类，比如某个像素是猫、狗、人、车等，它比目标检测预测的边框更加精细，如图 6-4 所示。

可以简单将语义分割任务理解为：用一种颜色代表一个类别，用另一种颜色代表另外一个类别，将所有类别用不同颜色代表，然后对原始图片对应大小的白纸上进行涂色操作（类别当然就不能有白色代表），尽量让涂的结果与原始图片表达的类别接近。综上，

5　https://arxiv.org/abs/1703.03872
6　https://github.com/Joker316701882/Deep-Image-Matting

语义分割就是从像素级别理解和识别图片的内容，其输入为图片，输出则是与输入图片同尺寸的分割标记，每个像素会被识别为一个类别，而物体分割的输出则是一张与输入同尺寸的二值灰度蒙版图。

图 6-4 语义分割

语义分割在 2015 年之前主要使用人工特征 + 图模型的方式，而在 2015 年之后便出现了大量基于 CNN 的深度学习解决思路。

目前深度学习在语义分割的应用主要有 FCN、SegNet、DeepLab、Refine 和 NetPSPNet 等。由于深度学习很大程度上得靠大量的数据样本来支持其训练，而对于语义分割来说，这样的样本就更难获取，现在常用的公开语义分割数据集有 PASCAL VOC[7]、MS COCO[8]、ADE20K[9]、Cityscapes[10]、A2D[11]、SYNTHIA[12]、CamVid[13] 和 LIP[14] 等，所以在实际工程中，语义分割操作难度系数比较大。

7　http://host.robots.ox.ac.uk/pascal/VOC/
8　http://cocodataset.org/#home
9　http://groups.csail.mit.edu/vision/datasets/ADE20K/
10　https://www.cityscapes-dataset.com/
11　http://web.eecs.umich.edu/~jjcorso/r/a2d/
12　http://synthia-dataset.net/
13　http://mi.eng.cam.ac.uk/research/projects/VideoRec/
14　http://www.sysu-hcp.net/lip/

6.2.1 FCN 与 SegNet

1. FCN

FCN 全名为 Fully Convolutional Networks[15]（全卷积网络），在加州伯克利大学诞生，其结构如图 6-5 所示。

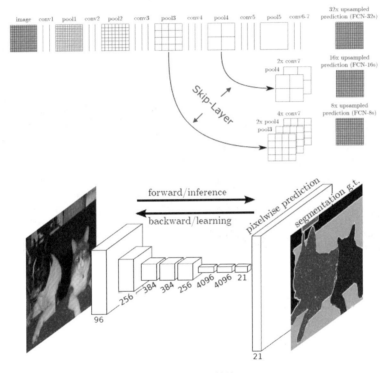

图 6-5 FCN 结构

在图像分类网络中，最后的全连接层可以理解为使用了与输入大小一样的卷积遍历整个输入，输出的通道数为所有类别的个数，即将整张图片映射为一个类别个数的长向量，然后做 softmax 和 argmax，选出计算机认为概率最大的对应的下标，完成整张图片的分类过程。如果将这里的整张图片换为像素，那么就可以达到像素级别的分类了，即语义分割。

对每个像素此时所使用的就是 1×1 的卷积，其通道数为主体类别数 + 背景类别，以此替换全连接层，达到整个网络都使用卷积操作的效果。

---
15 https://arxiv.org/abs/1411.4038

传统的 CNN 一般会有下采样的效果，即输入的图片在宽高维度会降尺寸，分辨率降低，这可以通过卷积的步长来实现（池化可当作特殊的卷积，其步长为 2），但最终要进行原图像素级别的分类，就需要一个上采样的效果，将下采样的结果还原为输入图片的分辨率，如果输入为 H×W×3，RGB 色彩空间，那么期望得到的输出矩阵大小为 H×W×(#classes+1)，然后就可以对每个像素进行分类了。

FCN 主要就是做了以上步骤，使用了转置卷积与反池化的操作，达到了将输入图片经过常规 CNN 后的结果还原分辨率的效果，另外不同尺度间使用了类似 ResNet 跨层连接（Skip-Layer）的操作来增强信息传递，以求达到更好的分割效果。FCN 同时去掉了部分损失空间信息的操作，如全局池化，并使用预训练参数来加快整个训练。

转置卷积操作主要是在输入时进行外围补 0（Padding）或插孔补 0，然后卷积，达到上采样的目的，但这一技术在后面的发展渐渐不被采用，故读者有兴趣可以自行了解其原理。

FCN 的优点是进行像素级别端到端的训练，缺点是对细节处理不够好，没有充分考虑像素间的空间相关性。

目前 FCN 各种开源实现较多，比较有名的有以下几个：

https://github.com/brianhuang1019/FCN-pytorch

https://github.com/wkentaro/pytorch-fcn

https://github.com/wkentaro/fcn

https://github.com/apache/incubator-MXNet/tree/master/example/fcn-xs

https://gluon-cv.MXNet.io/build/examples_segmentation/train_fcn.html

https://github.com/JihongJu/keras-fcn

其中 GluonCV（0.3.0 版本）框架中例子可能会报错，估计是现在处于快速开发阶段，所以 API 还不稳定，笔者修改了其中的部分代码，可以训练，修改后的代码如下：

```
# train_fcn.py
 1 import random
 2 from tqdm import tqdm
 3 import numpy as np
 4 import mxnet as mx
 5 from mxnet import gluon, autograd
 6
```

```
 7  import gluoncv
 8  from gluoncv.utils.parallel import *
 9  from gluoncv.model_zoo.segbase import 
SoftmaxCrossEntropyLossWithAux
10  
11  model = gluoncv.model_zoo.get_fcn(dataset='pascal_voc',
backbone='resnet50', pretrained=True)
12  
13  from mxnet.gluon.data.vision import transforms
14  input_transform = transforms.Compose([
15      transforms.ToTensor(),
16      transforms.Normalize([.485, .456, .406], [.229, .224,
.225]),
17  ])
18  
19  trainset = gluoncv.data.VOCSegmentation(split='train',
transform=input_transform)
20  testset = gluoncv.data.VOCSegmentation(split='val',
transform=input_transform)
21  print(f'Training images:{len(trainset)}, Test
images:{len(testset)}')
22  batch_size = 8
23  train_data = gluon.data.DataLoader(
24      trainset, batch_size, shuffle=True, last_batch='rollover',
25      num_workers=batch_size)
26  
27  test_data = gluon.data.DataLoader(
28      testset, batch_size, shuffle=False, last_batch='discard',
29      num_workers=batch_size)
30  
31  criterion = SoftmaxCrossEntropyLossWithAux(aux=True)
32  lr_scheduler = gluoncv.utils.PolyLRScheduler(0.001,
33                              niters=len(train_data),
nepochs=50)
34  ctx_list = [mx.gpu(0),mx.gpu(1)]
35  model = DataParallelModel(model, ctx_list)
36  criterion = DataParallelCriterion(criterion, ctx_list)
```

```
37
38  kv = mx.kv.create('device')
39  optimizer = gluon.Trainer(model.module.collect_params(), 'sgd',
40                            {'lr_scheduler': lr_scheduler,
41                             'wd':0.0001,
42                             'momentum': 0.9,
43                             'multi_precision': True},
44                             kvstore = kv)
45
46  train_loss, test_loss = 0.0, 0.0
47  epochs = 10
48  for epoch in range(epochs):
49      i = 0
50      for data, target in tqdm(train_data):
51          lr_scheduler.update(i, epoch)
52          with autograd.record(True):
53              outputs = model(data)
54              losses = criterion(outputs, target)
55          mx.nd.waitall()
56          autograd.backward(losses)
57          optimizer.step(batch_size)
58          i += 1
59          for loss in losses:
60              train_loss += loss.asnumpy()[0] / len(losses)
61      print(f'Epoch {epoch}, training loss {train_loss/len(train_data)}')
62      if epoch%5 == 0:
63          for data, target in tqdm(test_data):
64              outputs = model(data)
65              losses = criterion(outputs, target)
66              mx.nd.waitall()
67              for loss in losses:
68                  test_loss += loss.asnumpy()[0] / len(losses)
69          print(f'Epoch {epoch}, test loss {test_loss/len(test_data)}')
```

以上各部分代码的主要作用官方网站都有介绍，以上主要是删除了官方网站部分不能运行的代码，如 gluoncv.model_zoo.resnet50_v1b 部分，可以在以下源码中看到并无 resnet 字样（目录以及 __init__.py）。

~/miniconda3/lib/python3.6/site-packages/gluoncv/model_zoo

至于数据集 VOC 的下载解压可参考网站信息[16]，注意解压后的数据集需要放在 ~/.MXNet/datasets/voc 目录下，否则调用 gluoncv.model_zoo 可能会报错。

2. SegNet

SegNet 与 FCN 一样，使用的是 Encoder-Decoder 结构，但 FCN 上采样的过程相对简单，SegNet 在上采样部分操作更加整洁，其结构如图 6-6 所示。SegNet 中的池化操作可记忆选出最大值的相对位置，在上采样的过程中会使用到，这是它与 FCN 最大的差别所在。

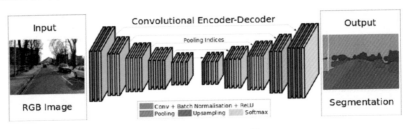

图 6-6 SegNet 结构[17]

目前各个框架开源的 SegNet 有以下几个：

https://github.com/chainer/chainercv/tree/master/examples/segnet

https://github.com/meetshah1995/pytorch-semseg

https://github.com/zijundeng/pytorch-semantic-segmentation

https://github.com/ykamikawa/SegNet

以下是使用 https://github.com/chainer/chainercv/tree/master/examples/segnet 进行训练的屏幕输出结果：

```
epoch       iteration    elapsed_time    lr       main/loss
validation/main/miou    validation/main/mean_class_accuracy    validation/
main/pixel_accuracy.................................] 30.79%
    1           50          37.9927        0.1      0.908356
```

---

16 https://gluon-cv.MXNet.io/build/examples_datasets/pascal_voc.html

17 https://arxiv.org/abs/1511.00561

```
3         100      70.8525     0.1     0.711404
4         150      103.126     0.1     0.65566
6         200      136.115     0.1     0.599455
8         250      168.904     0.1     0.56288
9         300      201.628     0.1     0.525101
11        350      234.856     0.1     0.488906
13        400      267.584     0.1     0.479356
14        450      299.935     0.1     0.455038
16        500      332.55      0.1     0.425338
17        550      364.957     0.1     0.405308
   total    [#................................]  3.69%
   this epoch [#############....................] 29.16%
       590 iter, 19 epoch / 16000 iterations
1.5296 iters/sec. Estimated time to finish: 2:47:54.405549.
```

可以看出，完成训练总共需要约 3 个小时，完成训练后，其损失函数和 mIOU 变化曲线如图 6-7 所示。

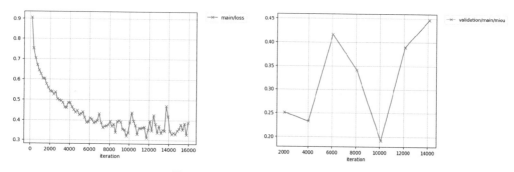

图 6-7 SegNet 训练后指标变化曲线

6.2.2 PSPNet

PSPNet 的全称是 Pyramid Scene Parsing Network[18]（金字塔场景解析网络），其主要考虑了更多的上下文信息以及不同的全局信息，使用了多尺度 Pooling 得到不同尺度的特征图，Concat 起来得到多尺度特征；训练时加入了辅助损失函数，整个结构如图 6-8 所示。

18　https://arxiv.org/abs/1612.01105

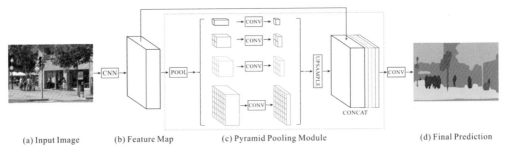

图 6-8 PSPNet 结构

更多详情读者可参阅原论文，目前在 GluonCV 中，已经实现了 PSPNet，官方文档也给出了在 ADE20K 数据集上训练与测试的 Demo[19]，读者可以自行进行尝试。

6.2.3 DeepLab

DeepLab 由 Google 提出，目前有 DeepLab v1[20]、DeepLab v2[21]、DeepLab v3[22] 和 DeepLab v3+[23] 几个版本，其对应的题目分别为：

（1）Semantic image segmentation with deep convolutional nets and fully connected CRFs

（2）Semantic Image Segmentation with Deep Convolutional Nets, Atrous Convolution, and Fully Connected CRFs

（3）Rethinking Atrous Convolution for Semantic Image Segmentation

（4）Encoder-Decoder with Atrous Separable Convolution for Semantic Image Segmentation

DeepLab 中主要使用的技术包括多尺度特征融、残差块、膨胀卷积（Atrous Convolution，如图 6-9 所示）以及膨胀空间金字塔池化（如图 6-10 所示）。它的主干特征提取网络采用了 ResNet 方式，即图像分类中的 ResNet。

---

19 https://gluon-cv.MXNet.io/build/examples_segmentation/train_psp.html
20 https://arxiv.org/pdf/1412.7062v3.pdf
21 https://arxiv.org/abs/1606.00915
22 https://arxiv.org/abs/1706.05587
23 https://arxiv.org/abs/1802.02611

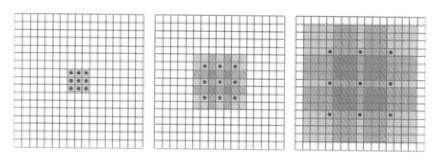

图 6-9 膨胀卷积扩张操作

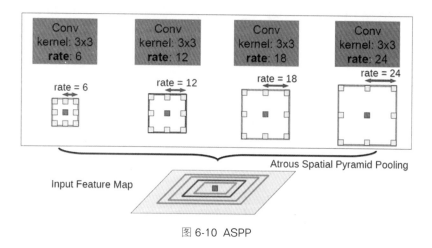

图 6-10 ASPP

膨胀卷积有一个扩张因子（rate），它将决定卷积的感受野大小，将输入的 Feature Map 隔 rate-1 进行采样，然后再将采样后的结果进行卷积操作，或可理解为使用 0 填充卷积之间的缝隙，缝隙大小为扩张因子减 1，可称为见缝插 0，变相扩大了卷积的视野。如图 6-10 所示，扩张因子为 1 时，卷积视野为 3×3；扩张因子为 2 时，就在各个卷积之间插入一个 0，实现一个 7×7 的卷积视野。这就使得在同等参数量的情况下，卷积能感受更加宽泛的区域。

膨胀空间金字塔池化全称为 Atrous Spatial Pyramid Pooling，主要利用不同扩张因子的卷积操作获取多尺度的特征信息，同时为了利用全局的信息，最后使用了全局平均池化获取图像级别的特征。

最后将综合的结果送入 CRF 进行精细调整，完成最终结果输出。CRF 会尝试去寻找像素之间的关系：相邻且相似的像素属于同一类别是大概率事件，CRF 考虑了像素级别分类的概率，通过迭代完成细化分割操作。

DeepLab v1 主要使用 DCNN 进行密集的分类任务，产生比较粗糙的分割结果，然后使用条件随机场（CRF）对分割进行细化，结果如图 6-11 所示。DCNN 是基于 VGG16 将 VGG16 的全连接层替换为卷积层，去掉了最后两个池化下采样操作，上采样使用膨胀卷积。

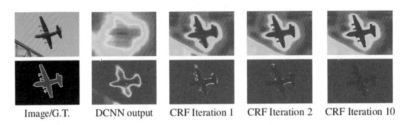

图 6-11 CNN 与 CRF 结合

DeepLab v2 则使用 ResNet 作为分类基础网络，同时使用了不同的学习策略。另外还使用了 ASPP（不同 rate 的膨胀卷积）进行多尺度并行采样，获得了更好的分割效果。

DeepLab v3 则提出了更加通用的框架，没有使用 CRF。复制了 ResNet 最后一个 Block，并分别进行级联与膨胀卷积操作，或者使用 ASPP 结构，结构重点如图 6-12 所示。

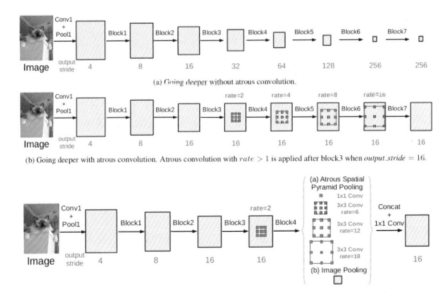

图 6-12 DeepLab v3

DeepLab v3+ 则是将基础网络替换为 Xception，后期原作者还使用了 MobileNet V2 作为基础网络。

以上图片均来自原论文，DeepLab 已经将代码开源[24]，开源代码的使用方法已经有非常详细的说明，包括对三个常见数据集（PASCAL VOC 2012，Cityscapes，ADE20K）的下载、训练、测试与 Demo，读者可以结合四篇论文与源代码进行学习、训练与测试。

如图 6-13 所示是使用官方模型，利用几张图片测试的结果。可以看出数据迁移的效果并不是特别完美，一般需要单独针对自己的数据集进行训练，具体可参考官方网站以及对应的 issues。

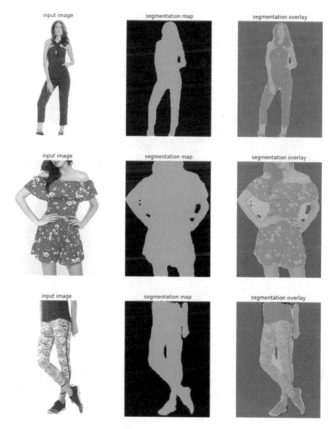

图 6-13 DeepLab v3+ 分割结果

将 LIP 下的子集 ATR 进行二值化后，使用了 DeepLab v3+ 进行训练，以达到扣图的效果，如图 6-14 所示是部分结果，黑白图为蒙版图，彩图为原图，最后将蒙版图与原图结合就可以实现扣图的功能。

---

24 https://github.com/tensorflow/models/tree/master/research/deeplab

图 6-14 单独训练后的分割结果

6.3 实例分割

语义分割可以将不同类别的物体区别开来,而实例分割则更进一步,将同种类别但属于不同个体的物体都区分开来。实例分割主要会预测物体的类别标签并使用像素级实例 Mask 来定位图像中不同数量的实例。实例分割示意如图 6-15 所示。

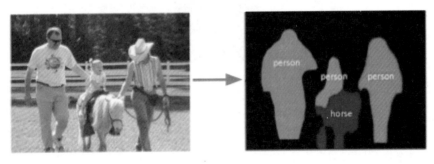

图 6-15 实例分割

目前深度学习在实例分割方面的应用主要包括 Mask RCNN、FCIS、MaskLab、PANet，而数据集则常用 Pascal VOC、AED20K、CityScapes、COCO 和 MVD 等，本节将对其中的几种算法进行简要介绍。

6.3.1 FCIS

FCIS 的全称是 Fully Convolutional Instance-aware Semantic Segmentation[25]（全卷积实例语义分割），是 COCO2016 的语义分割冠军，第二版发表于 2017 年。FCIS 继承了语义分割网络 FCN 和 InstanceFCN 的所有优点，会同时进行物体的检测与分割。

FCIS 在阐述了 FCN 在语义分割上的优点之后，也指出了其在实例分割上的缺点，卷积的平移不变性使得同一像素在图像不同区域会获得相同的响应（分类分数），即对位置不敏感，但实例分割则需要在不同区域操作（位置信息），使得同一像素在不同区域可能会代表不同的语义信息。FCN 输出的是类别的概率，而没有单个实例对应的输出。同时也指出了 InstanceFCN 的缺点：空间金字塔扫描非常耗时，只有单个输出，无语义信息，需要单独的网络检测类别信息，没有做到端到端学习。三者的差异对比可参考图 6-16。

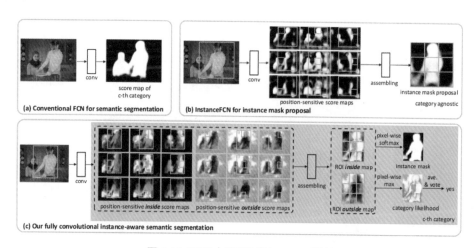

图 6-16 FCIS 与 FCN 和 InstanceFCN

FCIS 共享了卷积特征与分数图来进行物体检测与分割，达到了 SOTA（State of the Art）的准确率与效率。FCIS 使用了位置敏感的分数图来引入平移变化的性质，提出了同时进行检测与分割的方式。

25　https://arxiv.org/abs/1611.07709

FCIS 的结构如图 6-17 所示，其中使用了 RPN 网络替换滑窗操作，RPN 会产生 ROI（感兴趣区域），计算对应的分数图，产生分类和分割结果。其基本网络使用的是 ResNet，去除了最后一个全连接层，基于 conv5 的特征图得到 $2k^2(C+1)$ 个分数图，默认 k 为 7，C 为类别个数，进行了 16 倍下采样，训练时使用的是 8 卡 GPU，每张卡输入一张图片，从而达到了 BatchSize 为 8 的效果。具体的论述请参见原论文，作者也对 FCIS 进行了开源[26]。

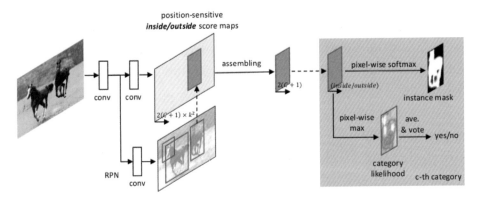

图 6-17 FCIS 结构

6.3.2 Mask R-CNN

Mask R-CNN[27] 是 Kaiming He 在 Facebook 的成果，于 2018 年发表。Mask R-CNN 将 Faster R-CNN 与 FCN 结合起来，在 RoI（Region of Interest，感兴趣区域）上进行分割，其结构如图 6-18 所示。

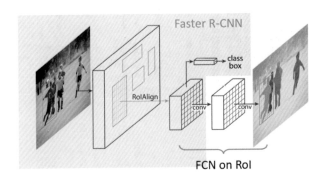

图 6-18 Mask R-CNN 结构

26　https://github.com/msracver/FCIS
27　https://arxiv.org/pdf/1703.06870.pdf

网络的输入为一张图像,输出则有三项,类别、Bbox 和 Mask,其中获得 Mask 的操作是使用并行的 FCN 网络层。每个 RoIAlign 会对应 $K \times m^2$ 维度的 Mask 输出,K 为类别个数(可以有效避免类间竞争,这与 FCIS 不同),m 对应池化分辨率。故 FCIS 分割的结果可能会有重叠的现象,而 Mask R-CNN 可有效避免这个问题。

针对尺度同变性、像素到像素的平移同变性等情况,Mask R-CNN 将 Faster R-CNN 中的 RoIPool 替换为 RoIAlign,其操作如图 6-19 所示,主要使用了双线性插值。而原始 RoIPool 操作会破坏像素到像素的平移同变性。

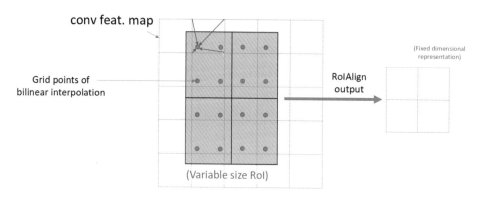

图 6-19 RoIAlign

Mask R-CNN 的优点是不需要借助其他 Trick,且容易扩展到其他任务上,如姿态预测。在基础网络的适应性上,Mask R-CNN 也有很强的泛化能力。

Mask R-CNN 原作者也进行了代码开源[28],使用的是 Python2 和 Caffe2。

基于其他框架的开源版本也有很多,有的只能预测,有的则较为完整,以下是几个相对不错的项目:

- CharlesShang 开源了一个基于 TensorFlow 的快速版本[29]。
- Wkentaro 实现了两个版本:Chainer 版本[30] 和 PyTorch 版本[31]。
- Matterport 的 TensorFlow 版本[32]。
- Multimodallearning 的 PyTorch 版本[33]。

---

28 https://github.com/facebookresearch/Detectron
29 https://github.com/CharlesShang/FastMaskRCNN
30 https://github.com/wkentaro/chainer-mask-rcnn
31 https://github.com/wkentaro/mask-rcnn.pytorch
32 https://github.com/matterport/Mask_RCNN
33 https://github.com/multimodallearning/pytorch-mask-rcnn

- MXNet 版本[34]。
- Keras 版本[35]。

6.3.3 MaskLab

MaskLab[36] 是 DeepLab 系列作者 Liang-Chieh Chen 于 2017 年底发表的作品，文件名为 Instance Segmentation by Refining Object Detection with Semantic and Direction Features，其实例分割效果可与当前 SOTA 的网络媲美。MaskLab 与 FCIS 和 Mask R-CNN 非常相似。

MaskLab 也是基于 Faster R-CNN 检测网络，在检测出的 RoI 中进行前景与背景分割，此处会用到语义分割和实例中心朝向预测技术。方向预测主要是预测像素点对其实例中心点的朝向，用来区分同一类别的不同实例。

文章分析了目前实现实例分割的主要方法：一是首先进行实例 BBox 粗预测，再精修达到分割目的；二是首先进行粗略的分割，然后再进行像素级的聚类精修。文章也指出了 FCIS 的缺点，力图将 Detection-based 和 Segmentation-based 两种方法联合起来，解决实例分割问题。

MaskLab 结构如图 6-20 所示，网络会有三项输出，包括 BBox 与分类、语义分割（不同类别）和朝向（不同实例）。语义分割是在 BBox 基础上做的，且去除了背景分割操作。网络中使用了集成方法来收集朝向信息，还使用了膨胀卷积、hypercolumn 特征、multi-grid 等技术。

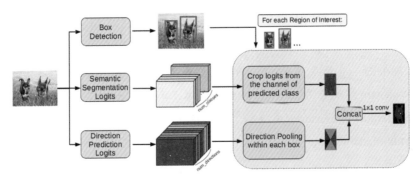

图 6-20 MaskLab 结构

---

34 https://github.com/TuSimple/mx-maskrcnn
35 https://github.com/fizyr/keras-maskrcnn
36 https://arxiv.org/abs/1712.04837

MaskLab 使用 ResNet-101 作为特征提取基础网络，在语义分割和朝向预测中使用了 1×1 卷积操作，最后再使用 1×1 卷积对语义输出和朝向输出的融合结果进行操作，得到最后的结果。更加详细的论述可参阅原论文。

6.3.4 PANet

PANet 的全称是 Path Aggregation Network for Instance Segmentation[37]（用于实例分割的路径聚合网络），收录在 CVPR2018，获得了 COCO2017 中实例分割第一名，目标检测第二名，在 Cityscapes 和 MVD 数据集上也表现优异。

PANet 的结构如图 6-21 所示，它在 Mask R-CNN 的基础上进一步融合了高层和底层特征，采用了自底向上的路径增广方法，提升了基于候选区域的实例分割的信息流传播。底层特征在识别边缘线条和纹理等基础特征方面很有优势，此优势有助于识别大型目标，但底层到高层路径太长，信息流动不够充分。

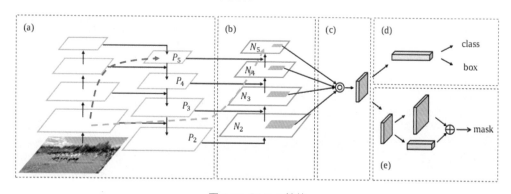

图 6-21 PANet 结构

同时使用了自适应特征池化来融合（逐像素相加或取最大）各个层次特征，这样便能更加充分地利用各个层次的信息。在最后添加了一个补充的小全接连层来提升 Mask 预测效果，这样就融合了 FCN 与全连接层两者的效果。

6.4 本章总结

本章介绍了不同层次图像分割的部分技术，包括基本的前背景分割、选用于同种类

---

37 https://arxiv.org/pdf/1803.01534.pdf

别的语义分割与将不同实例分开的实例分割。但这些都是像素级别的分类，更加细粒度的分割是进行 alpha 通道的扣图，即 Image Matting。在这些技术当中，有很多都开源了，当然也有部分是没有开源的，比如 MaskLab 与 PANet。

相对图像分割的数据集来说，常规的公开数据集主要是一般的类别和交通等，特定的数据集比较难获取，所以读者如果想训练特定的分割模型，需要下很大的功夫。

以上只是介绍了部分技术，而且也没有进行详细介绍，如果读者对图像分割这个方向感兴趣，这个领域从基础知识到高级应用（如 Deep Image Matting 等）都有很多值得探索的东西；实力更强的读者也可以自行尝试实现最新论文的思想，当然如果自己有新的想法也可以多尝试。

第 7 章

图像搜索

随着互联网的飞速发展，涌现出了大量的新时代公司，如Facebook、Youtube、Flickr，以及大型电商平台如淘宝、Amazon等，全球图片数量也达到海量级别。如何在这些视觉信息丰富的海量图片中快速准确地搜索到用户所需要的图片是计算机视觉领域的研究热点，也极具商业应用价值。

图像搜索其应用领域十分广泛，包括电商、医学、公共安全、搜索引擎甚至军事等。

图像搜索常规分为两类，一类是基于文本的搜索，即TBIR（Text Based Image Retrieval）；另一类是基于内容的搜索，即CBIR（Content Based Image Retrieval）。

TBIR出现较早，主要利用关键字对图像进行描述，然后进行关键字比对，比对成功后将结果返回给用户，其缺点是给图像标关键字需要人力介入，面对海量数据则费时费力，还面临增量的问题，且人为判断干扰因素难以估计。

CBIR则是利用计算机对图像进行分析，然后使用特征向量（可以简单理解为很多数字）来代表图像，然后对所有的图像都做特征提取并保存在特征库中，最后当要搜索某张图片时，使用同样的特征提取方法提取，再与特征库中的特征作对比，按某种相似指标进行排序并输出相似最好的几张图片，这样达到图像搜索的效果。CBIR 将图像的表达以及相似的计算交给计算机处理，克服了 TBIR 的缺点，可以充分利用计算机的优势，极大地提高了搜索效率，适用于新时代的海量图像搜索场景。

CBIR 应用前景广阔。目前淘宝网推出的"拍立淘"[1]，可以让用户现场拍照并上传至服务器，然后进行图像搜索，返回给用户相同或相似度非常高的商品链接，让用户达到货比三家的体验感。现在女性用户使用"拍立淘"购买衣服占了非常大的比例。

在产品上架和库存管理中，可以检索是否有重复产品，这块的应用包括但不限于电商产品管理、图书管理、原材料库存管理等。

在商标或版权方面，可以进行侵权搜索，既可以搜索是否被侵权也可以搜索是否侵犯别人的版权。

在公共安全领域，人脸识别技术应用也十分广泛，其本质也是图像搜索，现在常常看到公安部门使用人脸识别技术，比如不知道某个犯罪嫌疑人的身份，那么如果有犯罪现场的视频或照片，就可以在全国的身份证系统中缩小怀疑对象，然后再利用所得到的信息进行下一步侦察；或利用道路摄像头确定嫌疑人的活动区域，减轻公安部门的人力成本并加速案件侦破。

在军事上的简单应用包括以图像搜索战机型号、机载武器、舰艇及其武器、（核）潜艇、（核）导弹等，通过搜索到的相同或类似图像，可以缩小关注点，更加快速准确地判断对方的速度、特点、攻击力量等，为统战指挥提供技术支撑。

CBIR 工程中主要包括图像描述和海量相似计算与排序，图像描述即特征表达，是本章重点，而海量计算与排序则是另一个研究非常早、应用非常广的领域，本书不作详细介绍。

那么计算机怎么描述一张图像呢？传统的方法有 SIFT、SURF、ORB、BoW、VLAD 和 FV，但其缺点是这些方法都是人为设定规则，规则的好坏决定了搜索的效果。而深度学习恰好在这方面有着天然的优势，只要给出正确的样本，计算机就可以尽可能好地去学习某种规则来提取图像特征。

本章将介绍 Siamese Network 及其变种 Triplet Network 及 Margin Based Network，并在最后给出示例。

---

[1] https://yq.aliyun.com/articles/194353

7.1 Siamese Network

关于 Siamese Network 的文章主要有 Learning to Compare Image Patches via Convolutional Neural Networks[2] 和 Signature Verification Using a Siamese Time Delay Neural Network[3]。

Siamese Network 的结构如图 7-1 所示，其思想也十分简单和朴素，样本表示如下：图像 1 和图像 2 相似或图像 1 和图像 3 不相似，其中相似和不相似可以分别用 1 和 -1 表示。设计一个 CNN，用 F 代表，图片 $x1$ 通过 CNN 得到输出 $y2$，同理可得 $x2$ 对应 $y2$，$x3$ 对应 $y3$；最后对 CNN 的输出进行相似度的计算，这里使用 G 代表，如 $z12=G(y1, y2)$、$z13=G(y1, y3)$，可以看到相似度计算应该是对称的，即交换输入对结果不应该造成影响，相似度高则与相似标签（即 1）对应起来，相似度低则与不相似标签（即 −1）对应起来，那么训练的过程就是训练函数 F，使得 $z12$ 不断地与 1 联系起来，$z13$ 不断地与 −1 联系起来。这里也可以形象地理解为一个 2 分类过程，将两张相似或相同的图片的特征一起作为输入，然后分为正类，将不相似的则分为负类。

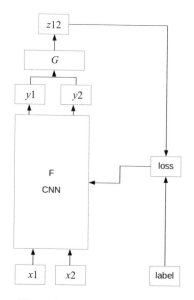

图 7-1 Siamese Network 的结构

---

2 https://arxiv.org/abs/1504.03641
3 http://papers.nips.cc/paper/769-signature-verification-using-a-siamese-time-delay-neural-network.pdf

当然不同的论文其具体实现可能不同，比如选择的 F 和 G 不同。

目前常用的 F 常常基于不同基础网络，如 VGG、Inception、ResNet 等，然后加几层，最后输出为某个维度（比如 1024 维）的向量；对于相似度量 G，常用的有欧式距离、Cosine 距离及更多更复杂的距离设计。

至于损失函数，可以使用简单的 2 分类的损失函数，也可以使用不同论文中设计的损失函数（如 contrastive loss），只是效果可能不同而已。最后利用损失函数的值使用优化算法更新 F 这个 CNN 网络中的参数，进行训练，目标是降低损失函数的值。

目前不同框架对于 Siamese Network 的开源实现有以下几类：

https://github.com/mitmul/chainer-siamese

https://github.com/delijati/pytorch-siamese

https://github.com/harveyslash/Facial-Similarity-with-Siamese-Networks-in-Pytorch

https://github.com/ascourge21/Siamese

https://www.kaggle.com/arpandhatt/siamese-neural-networks

https://github.com/edmBernard/MXNet_example_shared_weight/blob/master/demo_with_gluon_siamese.py

7.2 Triplet Network

该网络主要源于 Google 出品的人脸识别论文 FaceNet: A Unified Embedding for Face Recognition and Clustering[4]。传统的 Siamese Network 使用的是二元组数据作为输入，然后进行相似或不相似的 2 分类判定，而 Triplet Network 则提出使用三元组作为输入，损失函数则使用 Triplet loss，其结构如图 7-2 所示。

输入为三元组，分别为 anchor、positive 和 negative，anchor 表示参考图像，positve 表示与 anchor 相同或相似的图像，而 negative 表示与 anchor 不相同或不相似的图像。

这里的相同或相似在工程中可以使用相同的类别标签来表示，从此可以看出图像分类这种基础概念非常重要。

然后将三元组图像送入 CNN 网络 F 中进行特征提取，分别得到对应的三个相对低维的向量 Ea、Ep 和 En，再将三个特征向量送入 Triplet loss 函数中进行计算。

---

[4] https://arxiv.org/pdf/1503.03832.pdf

Triplet loss 定义如下：

$L = \max\{G(Ea, Ep) + \text{margin} - G(Ea, En), 0\}$

G 表示相似度计算函数，常用的有 $l1$、$l2$ 和 cosine。

它的目标是将 Ea 和 Ep 的差异指标尽量降低，同时增高 Ea 和 En 的差异指标。在此基础上再加上一个阈值 margin，表示相似的程度要比不相似的程度小 margin 个数量，此时 L 为 0，网络就停止优化与参数更新，即 $G(Ea, Ep) + \text{margin} < G(Ea, En)$，如果 $G(Ea, Ep) + \text{margin} > G(Ea, En)$，模型就会一直进行训练。

介绍完 Triplet Network 的训练流程后，来看看其三元组样本的准备。

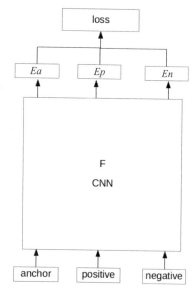

图 7-2 Triplet Network

首先 anchor 和 positive 是很容易确定的，难点在于如何选择 negative 图像。根据 $G(Ea, Ep)$ 和 $G(Ea, Ep) + \text{margin}$ 与 $G(Ea, En)$ 的关系，可以将 negative 分为以下三种情况。

（1）$G(Ea, Ep) < G(Ea, Ep) + \text{margin} < G(Ea, En)$，这种情况下的 negative 最容易满足前面的不等式，意味着 negative 与 anchor 差异特别大（比如接近无穷），如 anchor 为鞋子、positive 也是同款鞋子、但 negative 为衣服，可称为 easy negatives，但其对训练几乎没用什么作用，因为 loss 为 0，所以少量此类样本即可。

（2）$G(Ea, En) < G(Ea, Ep) < G(Ea, Ep) + \text{margin}$，这种情况下的 negative 一般很难寻找，前面的不等式意味着同类图像间的相似度差异比不同类图像间的相似度差异还大，如果这是真实情况，那么人类的视觉感官在很大程度上也难以分辨其差异，或直观地说就是人们会大概率地认为这个 negative 其实和 anchor 是同类，这可称为 hard negatives，对于神经网络来说相对比较难以训练。

（3）$G(Ea, Ep) < G(Ea, En) < G(Ea, Ep) + \text{margin}$，这种情况在上面两种情况之间，损失函数的值也不至于为 0，故相对来说是比较好的区间，称为 semi-hard negatives。

对 Triplet 样本的选取有在线选择和离线选择两种方式，主要是选取 negative，positive 比较容易获取。

离线选取是将所有训练数据送入 CNN 网络，得到所有图片对应的特征向量；然后根据相似情况选取 negative，支持 hard negative 和 semi-hard negative 样本选取；positive 使用同类别下的其他图片即可。此法相对来说不够高效，因为训练初期需要做一次样本选取，简称采样，然后每过几轮训练后，需要重新采样，因为训练过程中 F 的参数可能发生了很大的变化，从而导致提取的特征也发生了很大的变化。

在线采样其实质和离线采样一样，不过针对的样本量从全体样本变为每个 batch 的样本，即在每个 batch 中选取 anchor、positive 和 negative，其中如果三者都是同一图片，则称为无效样本；有效样本是指在 batch 内 anchor 与 positive 属于同类，但为不同图片，anchor 与 negative 属于不同类的图片。

在 In Defense of the Triplet Loss for Person Re-Identification 文章[5]中，作者对 batch 中进行有效采样进行了两种尝试。首先假设每个 batch 中有 P 个类别，每个类别包含 K 张图片。第一种方式是在 batch 中针对每个 anchor 选择相似度最差的 positive 和相似度最好的 negative，这样便有 P×K 组样本；第二种方式是针对每个 anchor，选择同类别下其他的为 positive，共有 K-1 种可能性，然后在剩下的 P-1 类别选取 negative，共有 (P-1)×K 种可能性，故总的样本数可达 P×K×(K-1)×(P-1)×K 组。其实验结果中第一种表现最好。

7.3 Margin Based Network

在 2018 年 Chao-Yuan Wu 发表了 Sampling Matters in Deep Embedding Learning[6]，这里将这篇文章所用的方法称作为 Margin Based Network。

该文章主要提出了两个点，一是关于采样方式的重要性，二是改变了损失函数的计算方式。

关于采样，文章指出特征空间内各个样本点（进行了归一化）分布在一个超球空间，空间维度为 d，假如所有点均匀分布在超球表面上，那么各点之间的距离服从以下分布：

$$q(d) \propto d^{n-2}[1-\frac{d^2}{4}]^{\frac{n-3}{2}}$$

可以参考相关网站[7]查看详细推导，可以近似地将其看作正态分布。同时作者也分析

---

[5] https://arxiv.org/pdf/1703.07737.pdf
[6] https://arxiv.org/abs/1706.07567
[7] http://faculty.madisoncollege.edu/alehnen/sphere/hypers.htm

了 hard negative 难以训练的原因，其表现为高方差和低信噪比，高方差意味着梯度随机性很强，低方差意味着梯度确定性很强，低方差比较好。所以文章提出距离加权采样，以此来修正偏差并同时控制方差。主要是根据距离进行均匀加权采样，对于某个 anchor 图片 a，以下面的公式来采样 negative：

$$\Pr(n^* = n \mid a) \propto \min(\lambda, q^{-1}(D_{an}))$$

其中，λ 的作用是剔除噪声样本，这样对 negative 的采样会比传统的方法覆盖更多的样本。

文章对比了不同采样方式的样本分步：hard negative 常常在高方差区域采样，致使网络训练效果不好，模型容易坍塌；随机采样则容易获取 easy negative 样本，致使 loss 为 0；而 semi-hard 方式相对较好，在二者中间；而使用距离加权采样则可以持续提供有效样本进行训练，同时可控制方差。

对于各类损失函数，文章也进行了分析，Triplet loss 优于 Contrastive loss 有两个主要点：Triplet loss 没有事先假定相似与不相似的阈值，另外它只需要 positive 与 anchor 的相似度比 negative 与 anchor 的相似度高即可，而 Contrastive loss 则会尽量让所有的 positive 越相似越好。对于 Triplet loss，使用 hard negative 时，negative 相关的梯度容易接近 0，而 positive 相关的梯度又很大，这样所有的点容易集中到一个点，故模型容易坍塌。对此一个简单的方式就可让损失函数更加稳定，即相似度 G 的计算使用 $l2$ 代替 l_2^2，对常规的欧式距离进行一次开方。基于这些观察，文章提出了 Margin based loss 理论，其结合了 Triplet loss 和 Contrastive loss 的优点，具体解释可以参见原论文。

$$l^{margin}(i, j) := (\alpha + y_{ij}(D_{ij} - \beta))_+$$

作者在 Stanford Online Products，CAR196 和 CUB200-2011 上都取得了非常好的搜索效果，读者可以使用论文作者提供的开源代码[8]进行学习和尝试。

---

8 https://github.com/chaoyuaw/incubator-MXNet/tree/master/example/gluon/embedding_learning

7.4 Keras 版 Triplet Network 示例

7.4.1 准备数据

这里使用 Keras 版 Triplet Network 进行示范，Keras 使用 TensorFlow 1.8.0 中自带的版本，无须单独安装。

训练和测试文件与图像分类目录结构一样，即

```
/image_retrieval_data/
├── train
│   ├── class_label_1
│   ├── class_label_2
│   ├── class_label_3
│   ├── class_label_4
│   ...
│   ├── class_label_5
│   ├── class_label_6
│   └── class_label_7
└── val
    ├── class_label_1
    ├── class_label_2
    ├── class_label_3
    ├── class_label_4
    ...
    ├── class_label_5
    ├── class_label_6
    └── class_label_7
```

由于此处不宜将所有代码都写在一个文件中，所以需要简单组织代码结构，训练文件目录结构如下：

```
image_retrieval_code
    ├── train.py
    ├── evaluate.py
    └── triplets_sampler.py
```

7.4.2 训练文件

下面来分析具体的代码，train.py 内容如下：

```
1  import os
2  import glob
3  import numpy as np
4  os.environ["CUDA_DEVICE_ORDER"] = "PCI_BUS_ID"
5  os.environ["CUDA_VISIBLE_DEVICES"] = "0"
6
7  import tensorflow as tf
8  from tensorflow.python.keras import backend as K
9
10 config = tf.ConfigProto()
11 config.gpu_options.allow_growth=True
12 session = tf.Session(config=config)
13
14 K.set_session(session)
15
16 from tensorflow.python.keras.applications.resnet50 import ResNet50, preprocess_input
17 from tensorflow.python.keras.models import Model
18 from tensorflow.python.keras.layers import AveragePooling2D, MaxPooling2D, GlobalMaxPooling2D, Lambda, Input, Flatten, Dense
19 from tensorflow.python.keras.layers import BatchNormalization, Dropout, PReLU
20 from tensorflow.python.keras import optimizers
21 from tensorflow.python.keras.preprocessing import image
22
23 from triplets_sampler import DataGenerator
24
```

首先导入必要的包，此处 Keras 中所有的包都直接从 TensorFlow 中导入，如果读者使用单独安装的 Keras，那么需要修改对应的行。在设置 GPU 时，要使用第一块 GPU，且按需分配显存。然后导入 ResNet50 所需要的包，这里使用 ResNet50 作为主干网络。最后导入 triplets 采样的模块，这个模块的具体内容后面会有分析，主要作用就是生成三元组样本。

```
25  def l2Norm(x):
26      return K.l2_normalize(x, axis=-1)
27
28  def euclidean_distance(vects):
29      x, y = vects
30      return K.sqrt(K.maximum(K.sum(K.square(x - y), axis=1, keepdims=True), K.epsilon()))
31
32  def triplet_loss(_, y_pred):
33      margin = K.constant(1)
34      return K.mean(K.maximum(K.constant(0), K.square(y_pred[:,0,0]) - K.square(y_pred[:,1,0]) + margin))
35
36  def accuracy(_, y_pred):
37      return K.mean(y_pred[:,0,0] < y_pred[:,1,0])
38
39  def mean_pos_dist(_, y_pred):
40      return K.mean(y_pred[:,0,0])
41
42  def mean_neg_dist(_, y_pred):
43      return K.mean(y_pred[:,1,0])
44
45  def fake_loss(__,_):
46      return K.constant(0)
```

以上代码第 25~46 行主要定义了 Triplet Network 中会使用到的函数。l2Norm 主要是对特征向量进行 l2 归一化。euclidean_distance 主要是计算两个向量的开方欧式距离。accuracy 主要是计算 positive 与 anchor 的相似度差异（此处为开方欧式距离）小于 negative 与 anchor 的相似度差异的比例，越高越好。mean_pos_dist 表示 positive 与 anchor 的平均距离，mean_neg_dist 表示 negative 与 anchor 的平均距离，两者的大小可以为后期调参提供参考。fake_loss 为一个常量，不会真的使用，只是构建网络需要而已。

```
47
48  """ Building the resnet feature map model """
49  resnet_input = Input(shape=(224,224,3))
50  resnet_model = ResNet50(weights='imagenet', include_top=False, input_tensor=resnet_input)
```

```
51
52  net = resnet_model.output
53  net = Flatten(name='flatten')(net)
54  net = Dense(512, activation='relu', name='fc1')(net)
55  net = Dense(512, name='embded')(net)
56  net = Lambda(l2Norm, output_shape=[512])(net)
57
58  base_model = Model(resnet_model.input, net, name='resnet_model')
59  #base_model.summary()
```

以上代码第 48~59 行进行了 Triplet Network 主干网络的定义，首先使用在 ImageNet 上预训练的 ResNet50 模型，去掉最后的全连接层，然后第 53 行作拉平操作，第 54~55 行加了两个全连接层，第 56 行进行了 l2 归一化，以后真正应用便需以这一层的输出结果作为代表图像的特征向量，第 58 行将输入与输出关联起来形成最基本的特征提取网络。

```
60
61  """ Train just the new layers, let the pretrained ones be as they are (they'll be trained later) """
62  for layer in resnet_model.layers:
63      layer.trainable = False
64
```

代码第 61~63 行进行固定参数操作，在模型训练过程中，这部分的参数就不会改变，因其在 ImageNet 上进行了训练，所以有很好的表达效果。如果有需要的话，训练后期可以对这部分最后几层的参数进行微调训练。

```
65  """ Building triple siamese architecture """
66  input_shape=(224,224,3)
67  input_anchor = Input(shape=input_shape, name='input_anchor')
68  input_positive = Input(shape=input_shape, name='input_pos')
69  input_negative = Input(shape=input_shape, name='input_neg')
70
71  net_anchor = base_model(input_anchor)
72  net_positive = base_model(input_positive)
73  net_negative = base_model(input_negative)
74
```

```
75 positive_dist = Lambda(euclidean_distance, name='pos_dist')
([net_anchor, net_positive])
76 negative_dist = Lambda(euclidean_distance, name='neg_dist')
([net_anchor, net_negative])
77
78 stacked_dists = Lambda(
79           lambda vects: K.stack(vects, axis=1),
80           name='stacked_dists'
81 )([positive_dist, negative_dist])
82 opt = optimizers.Adam(lr=0.0005)
83
84 base_model.compile(loss=fake_loss, optimizer=opt)
85 model_generator = Model([input_anchor, input_positive, input_negative], [net_anchor,net_positive, net_negative], name='gen')
86 model_generator.compile(loss=fake_loss, optimizer=opt)
87
88 model = Model([input_anchor, input_positive, input_negative], stacked_dists, name='triple_siamese')
89 model.compile(loss=triplet_loss, optimizer=opt, metrics=[accuracy, mean_pos_dist, mean_neg_dist])
90 model.summary()
91
```

第65~89行运用前面的 base_model 进行了采样模型和训练模型的定义，所有的模型都是共享参数的。第66~73行利用 base_model 定义了三元组输入与输出的模型，并在第85行关联起来，这个模型在采样时有用。第84行与第86行都使用了0作为损失值进行模型编译，并没有参与训练。

第75~76行进行相似距离计算，然后在第78行将结果合并到网络层中，在第88行将三元组输入与最后的输出（即两个相似距离）关联起来，然后在第89行使用 triplet_loss 损失函数进行编译，同时观测 accuracy, mean_pos_dist, mean_neg_dist 几个指标的变量。

```
92 """ Training """
93 batch_size = 128
94 graph = tf.get_default_graph()
95 print ("Preparing generator")
```

```
 96 datapath = r'/image_retrieval_data/train/'
 97 training_generator = DataGenerator(model_generator,graph,dim_
x=224, dim_y=224, batch_size=batch_size, dataset_path=datapath).
generate()
 98
 99 model.fit_generator(generator = training_generator,
100                    steps_per_epoch = (72000/2)/batch_size,
101                    epochs = 10)
102
103 base_model.save("model_clothes.h5")
```

最后就是设置 batch 大小，并指定训练数据的路径，传入 DataGenerator，由于 ResNet 接收的是 224×224 图片大小，所以此处设置 dim_x=224，dim_y=224。然后使用 model.fit_generator 进行训练，其中，steps_per_epoch 的大小应该为"样本总数/batch 大小"，这里用训练目录下所有图片的总数 72 000，由于采样过程中 anchor 是隔 1 采样，所以进行了除 2 操作。最后只需要保存基础的 base_model 模型就可以了。

7.4.3 采样文件

采样文件 triplets_sampler.py 的内容如下：

```
 1 import os
 2 import random
 3 import numpy as np
 4 from tensorflow.python.keras.preprocessing import image
 5 from tensorflow.python.keras.applications.resnet50 import
preprocess_input
 6 from tqdm import tqdm
 7
 8 imgs_per_class=10000 #max anchor index per class
 9
10 def get_subdirectories(a_dir):
11     return [name for name in os.listdir(a_dir)
12             if os.path.isdir(os.path.join(a_dir, name))]
13 def img_to_np(path,x=224,y=224):
14     nparray = image.load_img(path,target_size=(x,y))
```

```
15        nparray = image.img_to_array(nparray)
16        nparray = np.expand_dims(nparray, axis=0)
17        nparray = preprocess_input(nparray)
18        nparray = np.squeeze(nparray)
19        return nparray
```

首先导入所需的包，再定义子目录获取函数 get_subdirectories，然后定义从图片路径读入图片并转换为 NumPy 格式的函数 img_to_np，主要使用的是 Keras 自带的图片处理函数，读者可查看对应函数的细节实现过程，并在第 8 行定义每个类采样最大的个数。

```
20   class DataGenerator(object):
21       def __init__(self,model,graph, dim_x = 224, dim_y = 224,
batch_size = 10, dataset_path = './some-dataset/20_classes'):
22           self.dim_x = dim_x
23           self.dim_y = dim_y
24           self.batch_size = batch_size
25           self.dataset_path = dataset_path
26           self.model=model
27           self.graph=graph
28
29       def generate(self):
30           'Generates batches of samples'
31           # Infinite loop
32           while 1:
33               image_IDs = self.__make_triplets()
34
35               # Generate batches
36               imax = int(len(image_IDs)/self.batch_size)
37               for i in range(imax):
38                   # Find list of IDs
39                   image_IDS_temp = image_IDs[i*self.batch_size:(i+1)*self.batch_size]
40
41                   # Generate data
42                   X = self.__data_generation(image_IDS_temp)
43                   y_stacked = np.ones((self.batch_size,2, 1)) # not used by triple loss function
```

```
44                    yield X,y_stacked #,y_anch,y_pos,y_neg]
45
```

第20~45行主要进行了采样类的定义，第21~27行为初始化过程，主要初始化一些后面函数会用到的常量。第29~45行定义了生成器函数，使用了无限循环一直生成三元组样本，其中会调用 __make_triplets 这个函数。image_IDs 表示所有的三元组样本总数，一条三元组样本的格式为 anchor_path，positive_path，negative_path。然后进行循环提取 batch，循环次数为"三元组样本 /batch 大小"，在这个过程中会使用函数 __data_generation 来将图像地址转换为 NumPy 格式，并串接成 batch。然后制作假的真值 y_stacked，它与训练文件 train.py 中第78行的 stacked_dists 对应起来，但因为最终训练所用的 triplet loss 只会使用计算过程中计算得出的 stacked_dists 来计算 loss，故在此 y_stacked 不会真的用上，只是为了在 Keras 中构建网络提供方便。最后使用 yield 返回每个 batch 的数据。

```
46     def __make_triplets(self):
47         classes = get_subdirectories(self.dataset_path)
48         #ignore classes with less 4 imgs
49         classes = [c for c in classes if len(os.listdir(os.path.join(self.dataset_path, c))) > 4]
50         random.shuffle(class) # shuffle classes to make sure different sampling each iteration
51
52         all_triplets = []
53         for c in tqdm(classes):
54             pos_dir = os.path.join(self.dataset_path, c)
55             imgs_pos = os.listdir(pos_dir)
56             class_triplets = []
57             anchor_batch = []
58             positive_batch = []
59             negative_batch = []
60             anchors=[]
61             positives=[]
62             negatives=[]
63             for idx in range(0,len(imgs_pos),2):
64                 if idx>=imgs_per_class:
65                     break
```

```
66                    anchor=img_to_np(os.path.join(self.dataset_
path, c + '/' + imgs_pos[idx]))
67                    try:
68                        positive=img_to_np(os.path.join(self.
dataset_path, c + '/' + imgs_pos[idx+1]))
69                    except IndexError:
70                        idx=-1
71                        positive=img_to_np(os.path.join(self.
dataset_path, c + '/' + imgs_pos[idx+1]))
72
73                    rand_class = random.choice([x for x in classes
if x != c])   # choose a different class randomly
74                    neg = random.choice(os.listdir(os.path.
join(self.dataset_path, rand_class)))
75                    negative1 = img_to_np(os.path.join(self.
dataset_path, rand_class + '/' + neg))
76
77                    anchor_batch.append(anchor)
78                    anchors.append(imgs_pos[idx])
79                    positive_batch.append(positive)
80                    positives.append(imgs_pos[idx+1])
81                    negative_batch.append(negative1)
82                    negatives.append(rand_class + '/'+ neg)
83
84              with self.graph.as_default():
85                  preds = self.model.predict(
86                      [np.asarray(anchor_batch),
np.asarray(positive_batch), np.asarray(negative_batch)])
87
88                  preds_anch = np.asarray(preds[0])
89                  preds_pos = np.asarray(preds[1])
90                  preds_neg = np.asarray(preds[2])
91
92
93                  for i,anch in enumerate(preds_anch):
94                      least_sim_pos_idx,most_sim_neg_idx=self._least_
similar(preds_anch[i],preds_pos,preds_neg)
```

```
 95                        class_triplets.append([c+'/'+imgs_pos[i],
c+'/'+positives[least_sim_pos_idx], negatives[most_sim_neg_idx]])
 96
 97             all_triplets += class_triplets
 98
 99         triplets = np.array(all_triplets)
100         np.save("triplets_paths.npy",triplets)
101         np.random.shuffle(triplets)
102         print (triplets.shape)
103
104         return triplets
105
```

以上代码第 46~104 行定义了三元组采样函数。其中第 47~50 行首先获取了目标训练目录下所有的类别，并剔除了少于 4 张图片的类别，然后做了乱序操作，以保证每轮采样的随机性（体现在 batch 中）。然后初始化总的三元组样本空列表 all_triplets，tqdm 用于观察处理类别的进度。

对每个类别，都会进行三元组采样，包含第 53~97 行的代码块。首先初始化变量，然后按步长 2 对采样类的图片进行扫描。第 1 张图片初始化为 anchor，将第 2 张图片初始化为 positive，下标超出每类最大考虑数 imgs_per_class 后就停止扫描，如果最后一张图片为 anchor，那么它对应的 positive 就为第 1 张图片，这样就把这个类所有的 anchor 和 positive 对应起来了。

接下来就是确定 negative 样本，其主要流程如下：对于每一组 anchor 和 positive，随机选择一个其他类（与 anchor 不同，即与当前类 c 不同），然后在该类 rand_class 中随机挑选一张图片作为 negative，组成对应的三元组样本，并将其转化为对应的 NumPy 数据。如果仅使用这些步骤，很容易得到 easy negative，所以后面对当前采样类的三元组还要做一个特征提取并排序筛选的操作，其意义类似于在 batch 中寻找好的 negative，这里只是在采样类中做的测试。

首先使用模型进行特征提取，得到特征之后，对应于某个 anchor，利用 _least_similar 函数获取好的 positive 相对路径和 negative 绝对路径，并将其添加到当前采样类的 class_triplets 三元组列表中，对当前类所有 anchor 做同样的操作，最后将当前类的 class_triplets 添加到总的三元组样本 all_triplets 列表中。

对所有的类都做以上操作，便可得到总的三元组路径样本 all_triplets。使用第 102

行查看对应的形状，可以得到类似于（N,3）的结果，表示有 N 个三元组样本。

代码中涉及的重要变量及意义如下。

- pos_dir：当前采样类的目录，也可算作 positive 的目录
- imgs_pos：当前采样类的图片列表，内容为图片的相对路径
- class_triplets：当前采样类的三组元列表，内容为 [anchor_path, positive_path, negative_path]
- anchor_batch：当前采样类 anchor 的列表，内容格式为 NumPy
- positive_batch：当前采样类 positive 的列表，内容格式为 NumPy
- negative_batch：当前采样类 negative 的列表，内容格式为 NumPy
- anchors：当前采样类 anchor 的列表，内容为图片的相对路径
- positives：当前采样类 positives 的列表，内容为图片的相对路径
- negatives：当前采样类 negatives 的列表，内容为图片的相对路径

```
106    # get examples from the same class
107    def _least_similar(self, anch, preds_pos, preds_neg):
108        def euclidean_distance(x,y):
109            return np.linalg.norm(x-y)
110        least_sim_pos=preds_pos[0]
111        least_sim_pos_idx=0
112        least_sim_dist=euclidean_distance(anch,least_sim_pos)
113        for i,candidate in enumerate(preds_pos):
114            if euclidean_distance(anch,candidate)>least_sim_dist:
115                least_sim_pos = candidate
116                least_sim_pos_idx=i
117                least_sim_dist = euclidean_distance(anch,least_sim_pos)
118
119        most_sim_neg = preds_pos[0]
120        most_sim_neg_idx = 0
121
122        most_dist = euclidean_distance(anch, most_sim_neg)
123        # hard-negative
124    #        for i,candidate in enumerate(preds_neg):
```

```
125 #            if euclidean_distance(anch, candidate) < most_dist:
126 #                most_sim_neg = candidate
127 #                most_sim_neg_idx=i
128 #                most_dist = euclidean_distance(anch, most_sim_neg)
129        #semi-hard-negative 1st choice, hard-negative 2nd choice
130        semi_neg = None
131        semi_neg_idx = None
132        semi_neg_dist = None
133        for i,candidate in enumerate(preds_neg):
134            if euclidean_distance(anch, candidate) < most_dist:
135                most_sim_neg = candidate
136                most_sim_neg_idx=i
137                most_dist = euclidean_distance(anch, most_sim_neg)
138
139            if most_dist > least_sim_dist and least_sim_dist + 0.5 > most_dist:
140                semi_neg = most_sim_neg
141                semi_neg_idx = most_sim_neg_idx
142                semi_neg_dist = most_dist
143
144        if not semi_neg_idx:
145            semi_neg = most_sim_neg
146            semi_neg_idx = most_sim_neg_idx
147            semi_neg_dist = most_dist
148
149        return least_sim_pos_idx,semi_neg_idx
150
```

接下来在第107~149行定义了如何对某个特定的anchor在限定positive和negative选择范围的情况下获取好的positive和negative的过程。对于positive，此处选择了相似度差异最大的，即欧式距离最大的项，由于在前面已选择的positive是同类的，与anchor相邻的图片，故在此不作筛选，理论上也是可以的，有兴趣的读者可以尝试。对于negative，可以选用hard negative也可以选用semi-hard negative，此处的操作是：对于每个候选的 negative，优先选择满足 semi-hard 条件的，其次选择 hard negative，这里 semi-hard 使用的 margin 是 0.5，属于 hard coding，读者可以根据实际情况进行调整。最后将返回好的 positive 和 negative 下标，如果不需要修改 positive，读者可自行尝试修改对应代码，看看效果如何。

```
151     def __data_generation(self, image_IDs):
152
153         anchor_batch = []
154         positive_batch = []
155         negative_batch = []
156
157         for img_path in image_IDs:
158             #print (img_path)
159             anchor = img_to_np(os.path.join(self.dataset_path, img_path[0]))
160             positive = img_to_np(os.path.join(self.dataset_path, img_path[1]))
161             negative = img_to_np(os.path.join(self.dataset_path, img_path[2]))
162
163             anchor_batch.append(anchor)
164             positive_batch.append(positive)
165             negative_batch.append(negative)
166
167         return [np.array(anchor_batch), np.array(positive_batch), np.array(negative_batch)]
```

最后就是采样中使用的一个小函数，利用三元组路径生成对应的 NumPy 数据，输入为一个三元组样本路径列表，如 [[anchor_path_1, positive_path_1, negative_path_1], [anchor_path_2, positive_path_2, negative_path_2], …]。

7.4.4 模型训练

训练时执行 python train.py 就可以了，其输出如下：

```
Layer (type)                 Output Shape         Param #     Connected to
==========================================================================
input_anchor (InputLayer)    (None, 224, 224, 3)  0
_____
input_pos (InputLayer)       (None, 224, 224, 3)  0
_____
input_neg (InputLayer)       (None, 224, 224, 3)  0
_____
resnet_model (Model)         (None, 512)          24899456    input_anchor[0][0]
                                                              input_pos[0][0]
                                                              input_neg[0][0]
_____
pos_dist (Lambda)            (None, 1)            0           resnet_model[1][0]
                                                              resnet_model[2][0]
_____
neg_dist (Lambda)            (None, 1)            0           resnet_model[1][0]
                                                              resnet_model[3][0]
_____
stacked_dists (Lambda)       (None, 2, 1)         0           pos_dist[0][0]
                                                              neg_dist[0][0]
==========================================================================
Total params: 24,899,456
Trainable params: 1,311,744
Non-trainable params: 23,587,712
```

以上训练模型的结构和参数，重点关注了 Trainable params，此处有 130 万的可训练参数，意味着训练过程主要就是更新这些参数。模型训练时的输出如下，可见是很典型的 Keras 输出：

```
Preparing generator
Epoch 1/10
100%|██████████████████████████████████████|
3418/3418 [24:28<00:00,  2.33it/s]
    (36571, 3)
    282/281 [============================] - 2635s 9s/step - loss:
0.4357 - accuracy: 0.8685 - mean_pos_dist: 0.9858 - mean_neg_dist:
1.2978
```

```
    Epoch 2/10
    100%|████████████████████████████████|
3418/3418 [24:17<00:00,  2.34it/s]
    (36571, 3)
    282/281 [==============================] - 2657s 9s/step - loss: 0.3636 - accuracy: 0.8944 - mean_pos_dist: 0.9450 - mean_neg_dist: 1.3129
    Epoch 3/10
    100%|████████████████████████████████|
3418/3418 [25:03<00:00,  2.27it/s]
    (36571, 3)
    282/281 [==============================] - 2668s 9s/step - loss: 0.2718 - accuracy: 0.9463 - mean_pos_dist: 0.8884 - mean_neg_dist: 1.3069
    Epoch 4/10
    100%|████████████████████████████████|
3418/3418 [24:13<00:00,  2.35it/s]
    (36571, 3)
    282/281 [==============================] - 2616s 9s/step - loss: 0.2345 - accuracy: 0.9576 - mean_pos_dist: 0.8590 - mean_neg_dist: 1.3175
    Epoch 5/10
    100%|████████████████████████████████|
3418/3418 [24:22<00:00,  2.34it/s]
    (36571, 3)
    282/281 [==============================] - 2633s 9s/step - loss: 0.2156 - accuracy: 0.9650 - mean_pos_dist: 0.8412 - mean_neg_dist: 1.3160
    Epoch 6/10
    100%|████████████████████████████████|
3418/3418 [24:17<00:00,  2.34it/s]
    (36571, 3)
    282/281 [==============================] - 2628s 9s/step - loss: 0.1923 - accuracy: 0.9716 - mean_pos_dist: 0.8319 - mean_neg_dist: 1.3237
    Epoch 7/10
    100%|████████████████████████████████|
```

```
3418/3418 [24:14<00:00, 2.35it/s]
    (36571, 3)
    282/281 [==============================] - 2635s 9s/step - loss:
0.1812 - accuracy: 0.9728 - mean_pos_dist: 0.8265 - mean_neg_dist:
1.3328
    Epoch 8/10
    100%|██████████████████████████████████████|
3418/3418 [24:21<00:00, 2.34it/s]
    (36571, 3)
    282/281 [==============================] - 2649s 9s/step - loss:
0.1667 - accuracy: 0.9766 - mean_pos_dist: 0.8143 - mean_neg_dist:
1.3402
    Epoch 9/10
    100%|██████████████████████████████████████|
3418/3418 [24:13<00:00, 2.35it/s]
    (36571, 3)
    282/281 [==============================] - 2627s 9s/step - loss:
0.1676 - accuracy: 0.9759 - mean_pos_dist: 0.8133 - mean_neg_dist:
1.3395
    Epoch 10/10
    100%|██████████████████████████████████████|
3418/3418 [24:17<00:00, 2.35it/s]
    (36571, 3)
    282/281 [==============================] - 2634s 9s/step - loss:
0.1535 - accuracy: 0.9786 - mean_pos_dist: 0.8017 - mean_neg_dist:
1.3452
```

本次训练进行了 10 轮，每轮都会重新采样，黑色的进度条表示采样过程，然后会打印出总样本的形状。接着进行训练，训练一轮需要的时间约为 2 600s。可以看到，随着训练轮数的增加，训练的损失值是在降低的，准确率是上升的，说明模型学习到了有用知识。同时还可以关注 mean_pos_dist 与 mean_neg_dist，最后完成训练时，它们的值分别为 0.8 和 1.3，相差 0.5，这也是在采样 semi-hard negative 过程中使用 0.5 的原因，但损失函数处使用的是 1，作用是让它们分得更开。

7.4.5 模型测试

对于测试代码 evaluate.py，mAP 和 mRecall 主要基于带顺序的指标算法[9]。

```
1  import os
2  import glob
3  import tqdm
4  import numpy as np
5  from collections import OrderedDict
6  os.environ["CUDA_DEVICE_ORDER"] = "PCI_BUS_ID"
7  os.environ["CUDA_VISIBLE_DEVICES"] = "0"
8
9  import tensorflow as tf
10 from tensorflow.python.keras import backend as K
11 config = tf.ConfigProto()
12 config.gpu_options.allow_growth=True
13 session = tf.Session(config=config)
14
15 K.set_session(session)
16
17 from tensorflow.python.keras.preprocessing import image
18 from tensorflow.python.keras.applications.resnet50 import preprocess_input
19 from tensorflow.python.keras.models import load_model
20
21 def fake_loss(__,_):
22     return K.constant(0)
23
```

第 1~19 行导入必要的包，并对 GPU 进行设置，再导入图像预处理和模型加载函数。第 21~22 行定义常量 loss 函数，在加载模型时会用到，参见文件最后一行，在 load_model 使用 custom_objects 字典传入。

```
24 def sim_sort(anch,filenames,predictions):
25     def euclidean_distance(x, y):
26         return np.linalg.norm(x - y)
27     sims={}
```

---

[9] https://yongyuan.name/blog/evaluation-of-information-retrieval.html

```python
28      for i, candidate in enumerate(predictions):
29          sims[filenames[i]]=euclidean_distance(anch, candidate)
30      return OrderedDict(sorted(sims.items(), key=lambda t: t[1]))
31
32  def AP(sim, class_name, class_len, true_rights):
33      correct = 0
34      prec_sum = 0.0
35      recall_sum = 0.0
36      try:
37          ititems=sim.iteritems()
38      except:
39          ititems=sim.items()
40      for i,(file,score) in enumerate(ititems):
41          if i == 0: continue
42          if i > 11: break
43  #         print (file,score)
44          if file.rsplit(r"/",2)[1]==class_name:
45              correct += 1
46              prec_sum += correct/(i)
47              recall_sum += correct/true_rights
48      if correct == 0:
49          return 0,0
50      return prec_sum/correct, recall_sum/correct
51
52  def MAP(preds, all_files):
53      sumAP=0
54      sumr10 = 0
55      to_skip = 0
56      for ii,(pred,file) in enumerate(zip(preds,all_files),1):
57          #print(f"similarity for {file}:",end='\t')
58          sim = sim_sort(preds[ii-1], all_files, preds)
59
60          true_rights = len(os.listdir(file.rsplit(r"/",1)[0])) - 1
61          if true_rights == 0:
62              to_skip += 1
63              continue
64          ap,ar = AP(sim, file.rsplit(r"/",2)[1], 49, true_rights)
```

```
65          #print(ap,correct,true_rights)
66          sumAP += ap
67          sumr10 += ar
68          if ii%100 == 0:
69              print(f'mAP:\t{sumAP/(ii-to_skip)}\tRecall:\
t{sumr10/ (ii-to_skip)}')
70
71          return sumAP/(len(batch_files)-to_skip),sumr10/(len(batch_
files)-to_skip)
72
```

第 24~71 行定义了计算 mAP 和 mRecall 的过程。sim_sort 函数的主要功能是对一个搜索图像在整个数据集中进行相似度计算,并根据相似度进行排序,并返回一个字典:键为候选图像路径,值为候选图像与搜索图像特征的相似度指标,这里使用距离 l2。MAP 和 AP 两个函数的主要作用就是计算返回特定的相似个数(此处是 Top 10),统计路径中类别变量与搜索图片路径中的类别是否一样,如果一样则计数 correct 加 1,然后除以当前返回结果的下标数,加起来再作平均,这就是单张图片搜索的 mAP,recall 计算类似,但 recall 计算中的除数为搜索图片类别目录下所有图片的总数 true_rights,得到单张图片搜索的 mRecall,这就是 AP 函数的功能。然后 MAP 做的就是循环搜索所有图片,得到所有图片的 mAP 和 mRecall,最后作平均,得到测试集上总的 mAP 和 mRecall。在第 67~69 行会打印输出 mAP 和 mRecall 的变化过程,可做参考。

```
73 def test_full(model):
74     dataset_path = r'/image_retrieval_data/test/'
75
76     classes = os.listdir(dataset_path)
77     imgs = list()
78     for cls in classes:
79         temp = glob.glob(os.path.join(dataset_path,cls, r'*.
jpg'), recursive=True)
80         if len(temp) > 6:
81             imgs += temp
82
83     batch_size = 1024
84     all_files = []
```

```
85
86      imax = len(imgs)//batch_size
87      print(imax)
88
89      for ii in range(0,len(imgs), batch_size):
90          batch=[]
91          for img_path in tqdm.tqdm(imgs[ii:ii+batch_size]):
92              try:
93                  img = image.load_img(img_path, target_size=(224,224))
94              except:
95                  continue
96              img = image.img_to_array(img)
97              img = np.expand_dims(img, axis=0)
98              img = preprocess_input(img)
99              img = np.squeeze(img)
100             batch.append(img)
101             batch_files.append(img_path)
102
103         preds = model.predict([np.asarray(batch)])
104         if ii == 0:
105             all_preds = preds
106         else:
107             all_preds = np.concatenate((all_preds, preds))
108
109     print(all_preds.shape)
110     print(all_files[0])
111
112     print (f"Final mAP:\t{MAP(all_preds, all_files)}")
113
114 if __name__ == "__main__":
115     test_full(load_model("model_clothes.h5", custom_objects={'fake_loss': fake_loss}))
```

最后第 73~112 行就是定义测试函数，其主要接收的参数是 Keras 加载好的模型。可以从第 115 行看到，使用 load_model 可以加载在 train.py 中保存的模型，注意此处需要使用 custom_objects={'fake_loss': fake_loss} 这个参数，将前面定义好的常量损失函数注册到 Keras 中。然后定义需要测试的目录 dataset_path，此处为 /image_retrieval_data/test/，同时扫描所有类的图片，少于 6 张的剔除，不测试。剔除的原因是此处测试的是 Top 10 返回，如果类别目录下图片很少，那么其 AP 自然就少，会拉低模型表现，本书认为剔除操作会更加真实地反应模型的好坏，读者此处可自行修改，数字 6 是随意选择的，读者也可以尝试用其他数字。接着便是批量提取图片特征，这里使用的 batch_size 为 1024，这样可以充分利用 GPU，读者可以根据自己的硬件情况调整数值大小。完成特征提取后需要将特征与路径一一对应起来，由于路径是字符串，使用 h5py 格式相对较困难，这里做了处理，直接对应好后，分别存入两个变量 all_preds 和 all_files，然后传入 MAP 函数。最后当执行本文件时就会执行第 115 行进行测试。

执行 python evaluate.py，其搜索结果如下：

```
mAP:       0.7255968110661851   Recall:   0.10077466678369416
mAP:       0.7257797606883717   Recall:   0.10112356063801763
mAP:       0.7254789643788064   Recall:   0.10119141838893088
mAP:       0.7245794201873919   Recall:   0.10108530445857364
mAP:       0.7240651179782432   Recall:   0.1011274005439267
mAP:       0.7239073025288596   Recall:   0.10133507699350873
Final mAP: 0.7234160442681565, Final Recall:0.10122461405385283
```

可以看到返回 Top 10，平均有 7 个是同类别的，而 Recall 比较低，其原因是有的类别下图片数较多，比如 100 个，那么假设返回 10 都是同类别，那么 Recall 也就是 0.1。读者如果使用不同的数据进行训练和测试，结果应该会有很大的不同。

7.4.5 结果可视化

如果读者想可视化搜索结果，可以将 all_preds 和 all_files 保存起来，可在第 110 行后加入以下语句：

```
with open('test_paths.txt','w') as imgfile:
    for im in tqdm.tqdm(all_files):
        imgfile.write(im+'\n')

np.save('test_features.npy',all_preds)
```

如果已经做了上述操作，即保存了测试图片的路径和对应特征，那么在 Jupyter 中就可以进行可视化：

```
import numpy as np
with open('Inshop_margin_paths.txt','r') as imgfile:
    all_files = [line.strip() for line in imgfile.readlines()]
all_preds = np.load('Inshop_margin_feats.npy')
```

首先将图片路径文件和特征文件加载，然后可以使用以下语句查看有多少条数据，路径条数是否和特征条数匹配。目前特征是 512 维的向量，这在训练文件 train.py 中网络定义那块有个数值 512 就代表了最后的特征维度，读者可以尝试调整。

```
len(all_files),all_preds.shape
```

执行结果为：

```
(17571, (17571, 512))
```

然后导入其他包，主要是用于距离计算以及排序的函数，这里可以使用 bottleneck 中的 argpartition 函数，它可以快速获取 Top K 的下标，但注意返回的 Top K 没有严格的大小顺序，这对真实测试 mAP 会有影响，但对可视化影响不大，为了速度，在此注释掉了，如果读者想使用，可删除注释，并注释掉后面严格的大小排序进行搜索的函数即可。

另外这里使用了一个常量 N，其主要作用是当测试的数据量非常大时，比如几十万、几百万甚至上亿，为了可视化可控（硬件资源是有限的），用 N 来限制可视化数据量的大小，比如设为 50 000。

```
import bottleneck as bn
from sklearn.metrics.pairwise import pairwise_distances
N = 50000
img_paths = np.asarray(batch_files[:N])
d_mat = pairwise_distances(all_preds[:N],all_preds[:N])

%matplotlib inline
import matplotlib as mpl
from PIL import Image
mpl.rcParams['figure.dpi']= 120
import matplotlib.pyplot as plt
```

```python
#def search(i, img_paths, d_mat,k):
#    d_mat[i, i] = 1e10
#    nns = bn.argpartition(d_mat[i], k)[:k]
#    _, figs = plt.subplots(1, k+1, figsize=(16,10))
#    figs[0].imshow(Image.open(img_paths[i]))
#    figs[0].axes.get_xaxis().set_visible(False)
#    figs[0].axes.get_yaxis().set_visible(False)
#    for i,nn in enumerate(nns,1):
#        figs[i].imshow(Image.open(img_paths[nn]))
#        figs[i].axes.get_xaxis().set_visible(False)
#        figs[i].axes.get_yaxis().set_visible(False)

from collections import OrderedDict
def sim_sort(anch,filenames,predictions):
    def euclidean_distance(x, y):
        return np.linalg.norm(x - y)
    sims={}
    for i, candidate in enumerate(predictions):
        sims[filenames[i]]=euclidean_distance(anch, candidate)
    return OrderedDict(sorted(sims.items(), key=lambda t: t[1]))

def search(xx):
    sim=sim_sort(all_preds[xx],img_paths,all_prods)
    
    plt.figure(figsize=(20,40))
    for i,(k,v) in enumerate(sim.items()):
        #if i==0:continue
        if i>9:break
        plt.subplot(1,10,i+1),
        plt.imshow(Image.open(k))
        plt.title(v)
        plt.axis('off')
    plt.show()
```

然后使用 Matplotlib 对 Top K 进行作图,使用 search(i) 或 search(i, img_paths, d_mat,k) 就可以看到效果了。结果如图 7-3 所示,可以看出,搜索的效果总体还是不错的,其中第一张图为搜索图,后面的为返回的图,并标明了相似度差异值。

图 7-3 图像搜索结果一

而且使用 Margin Based Network 作者开源的代码训练的结果进行测试时，其 mAP 高达惊人的 90%，相对来说提高了 17 个百分点，而且其向量维度仅仅为 128 维，这是非常厉害的。其可视化结果如图 7-4 所示。

图 7-5 与图 7-6 是在同一测试集中使用一个类别下的物体来测试的，两种模型做对比可以明显看出第二种模型效果更好。

图 7-4 图像搜索结果二

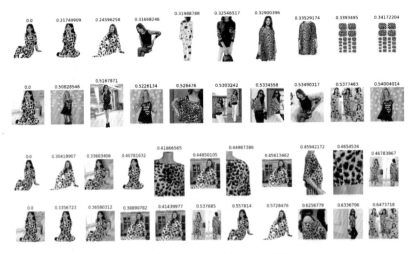

图 7-5 第一种模型（上）对比第二种模型（下）

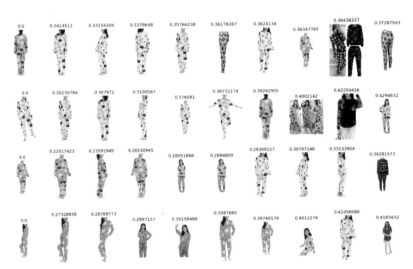

图 7-6 第一种模型（上）对比第二种模型（下）

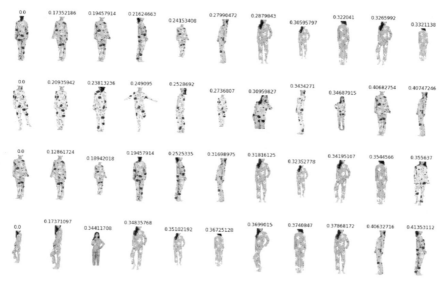

图 7-6 第一种模型（上）对比第二种模型（下）（续）

希望笔者对图像搜索模型训练和测试的核心已讲清楚了，当读者熟悉这些之后就可以将代码写得更加优雅，比如将所有的常量单独使用一个配置文件，这样每次要修改的时候都简单明了，亦或使用 argparse 在命令行动态调整，本示例只写出了核心代码。

这里使用的是电商图片数据，不便公开。但读者尝试时，可直接替换为自己训练和测试目录，然后进行训练和测试，当然在这个过程中少不了调参优化的工序。

调参优化主要包括但不限于以下几个方向：

（1）图片特征向量的维度，示例中的代码用的是 512 维，读者可尝试 128 维、256 维、1024 维等，并观察训练的效果。

（2）优化算法与学习率，示例中使用的是 Adam，学习率为 0.0004，读者可以尝试其他的算法和学习率。

（3）基础主干网络，示例中使用的是 ResNet50，其他还有 VGG、Inception、Xception 和 MobileNet，这些 Keras 都有预训练模型，读者可以分别尝试。

（4）冻结网络层，示例中将 ResNet50 主干网络的所有层都冻结了，参数不会更新，那么在训练一段时间后，是否可以解冻其中几层继续训练呢？读者可以尝试并观察效果。

> **提示** 一般来说，网络越靠前，其越偏向基础信息；而网络越靠后，其越偏向语义信息，即更符合人类的视觉感受。

（5）新加网络层的层数与类型，示例中直接在 ResNet50 后面加了几个全连接层，那么到底加几个会更好呢？中间是否需要加 Dropout 层呢？这些都是值得探索的方向。

（6）损失函数中的 margin 以及 semi-hard negative 采样的 margin，这两者也是可以考虑的调参优化方向。

另外不知道细心的读者有没有发现，在采样的时候，本书作了一个很强的假设。那就是假设数据集中每个类别下的图片数目是比较多的，至少有 20~30 张。因为如果很少，比如 10 张，笔者采样 anchor 和 positive 是在类别下两两组队，线性扫描的，即 10 张会组成 5 个样本对。然后针对这 5 个样本对分别随机挑选其他类的 5 张图片，组成 5 个候选三元组样本对。最后在这 5 个候选三元组样本进行好的 positve 和 negative 筛选。可以看出，当类别下候选样本对比较少时，其筛选的效果不一定会很好。所以通过这种方式来训练，想要得到好的结果，每个类别下需要比较多的图片，具体需要多少得根据实际情况来考察。

基于以上的分析和本章前几节的内容，可以提出一个采样的优化方向：在 batch 级别筛选好的 positive 和 negative，而非示例中在类级别筛选。这个操作也不会很复杂，只需要修改采样文件的部分代码即可。主要是在 batch 级别进行特征提取，计算相似度并筛选，然后重新组织 batch 输出。这部分留给读者做练习，希望可以取得满意的效果。

7.5 本章小结

本章介绍了图像搜索中常用的几种网络结构。

值得一提的是，在工业级别的图像搜索应用中，如何得到表达能力好的特征是一方面，但如何在海量特征中进行相似度的计算并排序又是另一难点。

目前笔者了解到的相似度计算排序的工具主要有 Elastic Search[10] 和 Faiss[11]，这属于另一领域，本书不作详细介绍。如果面向的用户群非常大，如淘宝网的"拍立淘"，那么高并发也是工业应用中需要考虑的因素。笔者也实现了基于 Faiss 进行快速测试搜索效果的代码，同时嵌入训练代码中，这部分读者可以自己尝试，当作练习。

---

10 https://www.elastic.co/products/elasticsearch
11 https://github.com/facebookresearch/faiss

图像搜索模型可以作为 one-shot learning 或 zero-shot learning，什么意思呢？其实简单理解就是传统的图像分类只能应用模型见过的类，面对没见过的类的图片时，模型只能将图片分类在它见过的类别中；而图像搜索适用性更广，面对没见过的类时，理论上可以将相似或相同的图片归到那一类。所以在衣服上训练了的模型，如果没有食物的图片训练集，那么还是可以直接应用在食物类别的图片上进行搜索，当然如果有食物图片训练集，在上面进行训练效果会更好。

如果面对海量没有类别标签的图片，怎么办呢？这里提供一个思路，用一个在很大数据集上训练的图像搜索模型去对海量图片提特征，然后对这些特征作聚类，比如 K-Means，这样就可以把相似的图片聚在一起，再由人工去筛选或再次进行聚类。这样应该会大大地节省制作海量数据的人力和时间成本。

第 8 章

图像生成

到目前为止，本书所介绍的深度学习在计算机视觉方面的应用都是属于监督学习，即训练样本有正确答案。但现实生活中所面临的问题很多是难以获取监督学习所用的样本，或者进行人工标注成本非常高，现在一种常见的解决方法是先利用在其他数据集上训练好的模型在未知的数据集上进行分类或聚类，然后再由人工进行优化标注。

计算机对人类世界的理解是基于一大串数字（向量或张量）的，如 [1,0,1,0] 代表人，[0.5,0,0.5,0] 代表猩猩，[0,1,3,0] 代表鱼……那么当类别数很大的时候，这个量的维度可能就会变得非常高。

其实图像也可以算作是一种高维向量，比如 1920×1080 的 RGB 图像其维度就是 1920×1080×3。基于这种认知，是否可以人造一些数据让计算机认为这就是真实的数据呢？设想一下，一张图片由很多像素组成，稍微改变其中一个或几个像素，结果人眼看上去修改前后差异不大，而计算机虽然从数字来理解时两者是有区别的，但依然会认为它们都是一个类别的，比如修改前是不笑的你，而修改后是嘴角微微上扬的你。这种思路可行吗？答案是：可行。

图像生成要达到的目的就是生成相似而又不同的图像,且最好符合人类的审美观。这样不仅可以丰富监督学习所需要的数据样本,还可以获得许多意料之外的惊喜。

本章将关注深度学习在图像生成领域的应用,主要介绍 VAE、GAN 和 Style Transfer 这三种算法。

8.1 VAE

8.1.1 VAE 介绍

VAE 全称 Variational Auto Encoder(变分自动编码器),那么了解 VAE 之前,需要简单熟悉 Auto Encoder 的概念。

Auto Encoder 中文翻译为自编码器,其主要目的是将高维矩阵 A 压缩到低维 C,然后再将 C 还原成"A'",尽量使得 A=A',即无损。以下简略展示了 AutoEncoder 主要结构,此处的高维矩阵是一张图片,经过 Encoder 变换为低维矩阵(可能是三维、二维或一维),然后再通过 Decoder 将低维矩阵转换为与输入大小对应的图片,目标就是变换前和变换后的图像尽量相似。其抽象结构如图 8-1 所示。

通过这种手段,可以设想以后可以保存比现在更多的图片,因为只需要知道 Encoder 和 Decoder,然后保存每张图片对应的低维矩阵表示就可以了。不仅在保存的过程中用途很大,在数据传输过程中也有广泛用途,发送 100 张大小为 1MB 的图片,不处理时需要传送 100×1MB 大小的数据;但如果只需要传 0.001MB 大小的低维数据,那么总的传送量就是 100×0.001M 即 1MB,当然这只是一个粗略的解释,即 AutoEncoder 可以用作数据压缩。但在实际降维过程中,难免会有信息丢失,故还原的数据不会完全与原始数据一样,那么如果此时将原始数据与还原数据合在一起,整个数据的多样性就更加丰富了,这就部分解决了数据生成的问题,将生成的数据应用在计算机视觉领域就有了图像生成。

Encoder 和 Decoder 的形式多样,目前常用于神经网络领域,对于图像领域来说,常常使用的就是 CNN。那么 Auto Encoder 就是为整个训练过程设定的目标,这个目标就是让输出与输入的差异尽量小,而这种差异比较最简单的一种方法就是对比每个像素点的差异,然后累加求和再求平均,即像素级别的 MSE 操作。然后获取损失函数值对模型参数的变化,利用梯度下降法更新参数,以达到降低损失函数值的需求,从而完成训练。

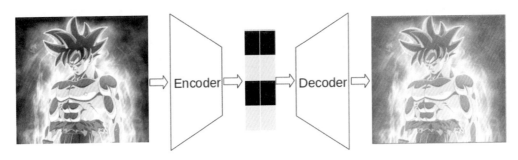

图 8-1 Auto Encoder 结构

那么 VAE 是什么呢？其实就是将低维向量分步限制为一个近似的正态分布，故 Encoder 过程中会学习到正态分布的均值（Mean）与标准差（Standard Deviation，STD），然后利用均值与标准差得到真正的低维变量。真正的损失函数便由两部分构成——输入输出差异与分布差异。其中分布差异用的是 KL 散度，其详细推导可参见 Tutorial on Variational Autoencoders[1]。后期便与常规的神经网络训练相似，使用优化算法进行参数更新。VAE 的结构可抽象为如图 8-2 所示。

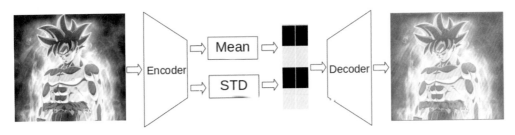

图 8-2 VAE 的结构

8.1.2 Chainer 版本 VAE 示例

这里使用 Chainer 官方网站[2] 的示例，但将 train 代码的数据集（datasets.get_mnist）换成了 FashionMnist（datasets.get_fashion_mnist）。训练完毕后，部分结果如图 8-3 所示，可以看出，还原重建后的图片比原图更加模糊，感兴趣的读者可以进行尝试。

---

1 https://arxiv.org/pdf/1606.05908.pdf
2 https://github.com/chainer/chainer/tree/master/examples/vae

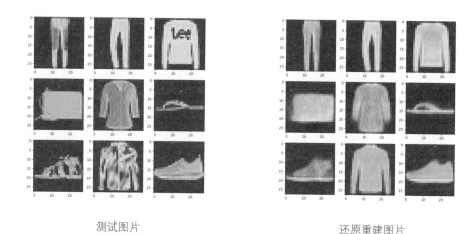

测试图片　　　　　　　　　　　还原重建图片

图 8-3　VAE 训练后的测试结果

8.2　生成对抗网络 GAN

8.2.1　GAN 介绍

GAN 全称 Generative Adversarial Network，中文翻译为生成对抗网络，作者是 Ian J. Goodfellow，其论文为 Generative Adversarial Networks[3]。想了解 GAN 的重要意义，可以参见人工智能"大牛"Yann LeCun 在 Quora 上的回答[4]。

目前 GAN 是非常流行的一个领域，网上有专门收集各种 GAN 变形的网站[5]。所以如果研究深度学习在图像生成方面的应用，这个网站的 zoo 包罗万象，如能研究透彻，相信你的实力定会大增。

GAN 主要学习一个数据分布，它与真实的数据分布差异非常小，并实现一个模型，它能够从学习到的分布中进行采样。

GAN 由两部分构成，分别为生成网络 Generator 和判别网络 Discriminator，其主要流程如图 8-4 所示。

3　https://arxiv.org/abs/1406.2661
4　www.quora.com/What-are-some-recent-and-potentially-upcoming-breakthroughs-in-unsupervised-learning
5　github.com/hindupuravinash/the-gan-zoo

神经网络可以简单地看作一个非常大且复杂的函数，将输入 x 映射为输出 y。那么对于图像生成来说，Generator 要做的就是将一个随机输入的向量转换（映射）成一张图片作为输出，当输入向量不同时就输出不同的图片，不同的输出量则属于需要学习的数据分步。

这里可将 Generator 理解为 Auto Encoder 结构中的 Decoder 或是语义分割中的上采样过程，只不过通道数为 3；而 Discriminator 网络则负责验证 Generator 生成的图片好不好，即生成的图片是否属于真实的数据分步。

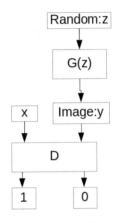

图 8-4 GAN 流程图

当从一个真实的数据集中选取一张图片作为输入时，Discriminator 会输出一个接近于 1 的值，表示非常相信这张图片是真的，符合人类的视觉感受；而当输入 Generator 生成图片时，Discriminator 会输出一个接近于 0 的值，表示发现这张图片不正常，是假的。Discriminator 其实就是一个二分类网络，在输出层会作 sigmoid 函数，将输出控制在 0~1 的范围内。

与 Auto Encoder 相比，GAN 生成的图片更加真实。但训练 GAN 相对困难（收敛困难），超参选取变得十分重要，同时控制生成图片的多样性也非易事。另外 GAN 容易出现所谓的模型坍塌（model collapse），即模型只学到一张图片。

神经网络的参数是随机初始化的，需要通过不断地训练学习，才能得到好的模型参数，那么 Generator 和 Discriminator 怎么训练和学习呢？

其实 Generator 和 Discriminator 可以形象地比喻为学生与老师，学生学作图（画画），老师教作图。

学生从幼儿园开始什么都不会，然后乱画，作了一张图出来，交给幼儿园的老师看；而幼儿园老师看过更多好的真实的图片，就指导学生说：这里画得不对，那里画得不好，比如线条要直，等等。经过一年的学习，学生升级到一年级，又画了一幅作品交给一年级老师，期待老师的表扬，结果老师又指出不足之处；原来学生在学习的同时，老师也在不断进步，如怎么教好学生，或学习更多名家好的作品，或对学生的作品挑缺点等，然后正好也升级为一年级的老师了（当然现实情况一般不是这样）。

就这样，学生在进步，老师也在进步，他们相互促进，形成了一种羁绊，直到学生的作品达到大师水准，老师再也挑不出毛病，学生完美毕业。GAN 的训练就是通过这样一个类似的过程完成的。

真实的训练流程如下。训练时需要一个真实的图片库，即名家的画作，进行参考学习，这里使用 G 代表 Generator 网络，D 代表 Discriminator 网络：

（1）对 G 和 D 的参数进行初始化。

（2）每次迭代：

　　1）固定 G 的参数，训练更新 D 的参数。

　　　① 在真实图片样本库中采样 m 个样本 $\{x^1, x^2, ..., x^m\}$。
　　　② 在先验分步（如正态分布）中采样 m 个样本 $\{z^1, z^2, ..., z^m\}$。
　　　③ 将步骤 2 中获得的样本，送入 G，得到 $\{y^1, y^2, ..., y^m\}$，$y_i = G(z_i)$。
　　　④ 利用梯度上升法更新 D，以求获得最大的 V：

$$V = E\{\log D(x)\} + E\{\log(1 - D(y_i))\}$$

　　2）固定 D 的参数，训练更新 G 的参数。

　　　① 重新在先验分步（如正态分布）中采样 m 个样本 $\{z^1, z^2, ..., z^m\}$。
　　　② 利用梯度下降法更新 G，以求获得最小的 V：$V = E\{\log D(G(z_i))\}$

其实梯度下降与梯度上升法本质上一样，只需要在目标函数前乘上一个负号，两者过程就可以相互转换。训练 D 的时候，主要是将真实样本 x 尽量判断为好（接近 1），而将 G 生成的样本 y 判断为不好（接近 0），然后一般每次迭代需要训练多次。训练 G 的时候，主要目的是提高生成网络的能力，到达让判别网络 D 难以分清的效果，它一般每次迭代只训练一次。最后在每次迭代的时候，这两种训练交替进行。

所获取的真实的图片样本库其实是服从一定分布的，不光对于图像，对于其他事件都可以这样理解。而 GAN 最终想达到的效果是学习一个生成网络，它能在一个无限接近真实样本的分布中去采样。衡量两个分布相似的方法有 JS 散度[6]、KL 散度[7]等，原始 GAN 中使用的是 JS 散度。

1. DCGAN

DCGAN 就是将 GAN 和 CNN 结合起来，论文名为 Unsupervised Representation Learning with Deep Convolutional Generative Adversarial Networks[8]。DCGAN 中的 G 和 D 都是 CNN 网络，同时取消了池化层，G 中使用转置卷积并利用步长来达到上采样生成

6　https://en.wikipedia.org/wiki/Jensen%E2%80%93Shannon_divergence
7　https://en.wikipedia.org/wiki/Kullback%E2%80%93Leibler_divergence
8　https://arxiv.org/abs/1511.06434

图片的效果。网络中使用了 Batch Normalization 并去掉了全连接层，在 G 中使用 RELU 激活函数，最后一层使用 tanh 激活，而在 D 中使用 LeakyRELU 激活。

DCGAN 开源项目主要有二次元动漫[9]和游戏人物生成，使用其他框架应该也可以达到类似效果，有兴趣的读者可以进行尝试（请注意对应实现所使用的框架版本）。

2. LSGAN

LSGAN 的全称是 Least Squares Generative Adversarial Networks[10]（最小二乘生成网络），主要就是将 sigmoid 操作变为线性操作，即将二分类问题转换为回归问题。

3. WGAN 与 WGAN-GP

WGAN 的全称是 Wasserstein GAN，论文名称为 Towards Principled Methods for Training Generative Adversarial Networks[11]，有对应的开源代码[12]。它对传统的 GAN 做了以下主要改进：

（1）计算损失函数时使用 Wasserstein 距离，且不取 log：

$$V(G,D) = \max_{D \in 1-Lipschitz} \{E_{x \sim P_{data}}[D(x)] - E_{x \sim P_G}[D(x)]\}$$

（2）判别网络 D 最后一层去 sigmoid 操作。

（3）将网络的参数限制在一定范围，如 [-c, c]，以满足 Lipschitz 条件。

其具体算法流程如图 8-5 所示。

> **Algorithm 1** WGAN, our proposed algorithm. All experiments in the paper used the default values $\alpha = 0.00005$, $c = 0.01$, $m = 64$, $n_{critic} = 5$.
>
> **Require:** : α, the learning rate. c, the clipping parameter. m, the batch size. n_{critic}, the number of iterations of the critic per generator iteration.
> **Require:** : w_0, initial critic parameters. θ_0, initial generator's parameters.
> 1: **while** θ has not converged **do**
> 2:   **for** $t = 0, ..., n_{critic}$ **do**
> 3:   Sample $\{x^{(i)}\}_{i=1}^m \sim \mathbb{P}_r$ a batch from the real data.
> 4:   Sample $\{z^{(i)}\}_{i=1}^m \sim p(z)$ a batch of prior samples.
> 5: $g_w \leftarrow \nabla_w \left[\frac{1}{m}\sum_{i=1}^m f_w(x^{(i)}) - \frac{1}{m}\sum_{i=1}^m f_w(g_\theta(z^{(i)}))\right]$
> 6: $w \leftarrow w + \alpha \cdot \text{RMSProp}(w, g_w)$
> 7: $w \leftarrow \text{clip}(w, -c, c)$
> 8:   **end for**
> 9:   Sample $\{z^{(i)}\}_{i=1}^m \sim p(z)$ a batch of prior samples.
> 10: $g_\theta \leftarrow -\nabla_\theta \frac{1}{m}\sum_{i=1}^m f_w(g_\theta(z^{(i)}))$
> 11: $\theta \leftarrow \theta - \alpha \cdot \text{RMSProp}(\theta, g_\theta)$
> 12: **end while**

图 8-5 WGAN 的算法流程

---

9 https://github.com/mattya/chainer-DCGAN
10 https://arxiv.org/abs/1611.04076
11 https://arxiv.org/abs/1701.07875
12 https://github.com/martinarjovsky/WassersteinGAN

传统的 JS 散度很难衡量两种数据分步相交（如图 8-6 所示）较少的情况，且常见的情况是采样的量不知道是否足够大。如果两种分步不相交，那么 JS 散度就为 $log2$，意味着不论训练多久，其 *loss* 会保持不变，即如果有两种不相交的分步，使用二分类的网络就可以解决问题。

Wasserstein 距离，又称 Earth-Mover 距离。如果抛开复杂的数学公式，可以作如下形象地理解，如图 8-7 所示，有两堆土，堆放的形式不一样，用推土机对其中一堆土进行移动，直到两堆土形式一样，即分步相同，那么此时推土机平均移动的距离就是 Wasserstein 距离，可以使用 $W(P,Q)=d$ 表示。

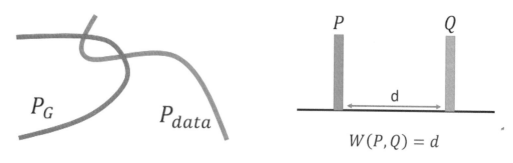

图 8-6 分步相交示意图　　　　　　　　　图 8-7 Wasserstein 距离一

那么当土堆分步的维度较高时，又会出现什么情况呢？那会面临着非常多的移动组合，即对部分土有很多种先后移动顺序的组合。以完成一次分步重合的所有移动为单位，算出这种策略的平均距离，然后类似地算出其他策略的平均距离，取最小的平均距离作为 Wasserstein 距离，这是一个穷举，然后找最小的过程，可参考图 8-8。它与 JS 和 KL 散度相比优势在于，即使两种分步不相交不重叠，也能反映分步的相似程度（或远近）。

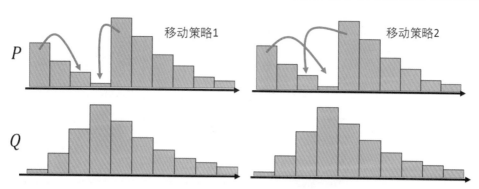

图 8-8 Wasserstein 距离二

WGAN 从理论上解释了 GAN 训练不稳定的原因，即损失函数不适用于衡量不相交分步之间的距离，而使用 Wasserstein 距离则解决了这个问题；同时也比较有效地避免了 model collapse 问题，使得生成的样本更加具有多样性。

WGAN-GP[13] 是改进版的 WGAN，主要改进了连续性限制条件。可以观察到，进行权重参数剪切 $[-c, c]$ 后，大多数权重会在 $-c$ 和 c 上集中，这就限制了深度神经网络的能力；同时强行剪切权重还易引起梯度消失和梯度爆炸问题，导致无法训练或训练不稳定。

基于以上观察，作者提出了梯度惩罚理论，即 gradient penalty，简称 GP。它能提供比标准 WGAN 更快的收敛速度，同时生成质量更高的样本，模型训练稳定，调参难度相对较小：

$$V(G,D) \approx \max_{D} \{E_{x \sim P_{data}}[D(x)] - E_{x \sim P_G}[D(x)]\} - \lambda E_{x \sim P_{penalty}}[\max(0, \|\nabla_x D(x)\| - 1)]$$

4. BEGAN

BEGAN 的全称为 BEGAN（Boundary Equilibrium Generative Adversarial Networks[14]，边界均衡生成对抗网络）。该论文由 Google 出品，提出了一种新的评价生成图片质量的方法，使得 GAN 可以运用简单的网络也能获得好的训练效果，同时不需要使用其他常规技巧。

以前的 GAN 和相关变种都希望生成的数据分步无限逼近真实的数据分步，即 G 有能力举一反三或以假乱真，这里面效果不错的有 DCGAN、WGAN 和 WGAN-GP。

BEGAN 则使用类似曲线救国的方法，不再是直接评估生成分步和真实分步之间的差异，而是评估两者误差之间的差异，这里的误差也是某种分步。

其网络结构如图 8-9 所示，判别网络使用 Auto Encoder 结构。

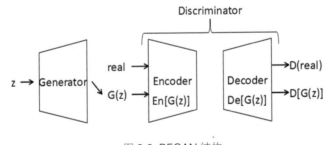

图 8-9 BEGAN 结构

---

13 https://arxiv.org/abs/1704.00028
14 https://arxiv.org/abs/1703.10717

Generator 和 Discriminator 的损失函数分别定义如下：

$$\begin{cases} Loss_D = L(x) - k_t * L[G(z_D)] \\ LossG = L[G(z_G)] \\ k_{t+1} = k_t + \lambda_k \{\gamma L(x) - L[G(z_G)]\} \end{cases}$$

其中的 $L(x)$ 就是像素级累积差异的均值，如果将 x 看作是一个三维（灰度图为一维）的图像矩阵，auto_encoder 表示图像映射到低维空间再还原的操作，那么 $L(x)$ 可以使用以下式子表达：

$$L(x) = Mean(Sum(abs(x - auto\_encoder(x))))$$

γ 则是使用线性控制理论来平衡生成的图片和真实图片的损失期望，论文称其为差异比例。

$$\gamma = \frac{E[L(G(z))]}{E[L(x)]}$$

然后再使用 λ_k 和 k_t 来调整整个 Discriminator 的总损失函数。具体可以参阅原论文的详细论述。

这里使用 carpedm20 开源的 BEGAN 项目[15]进行训练与测试，其结果如图 8-10 所示。

图 8-10 BEGAN 实验结果

---

15 https://github.com/carpedm20/BEGAN-tensorflow

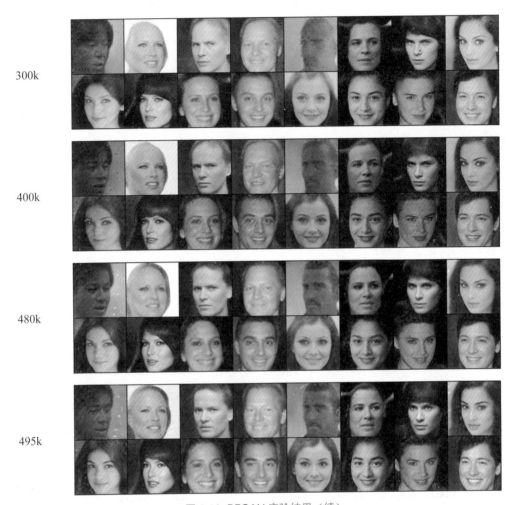

300k

400k

480k

495k

图 8-10 BEGAN 实验结果（续）

从以上结果可以看出，在训练了 40 万轮之后，所生成的图片虽然头发和外部轮廓还不十分完美，但脸部细节已经出现不错的结果；训练 21 万轮后，总体结果已得到非常大的改善；随着训练轮数的增加，最后的图片也更加接近真实场景。最后可以观察到，有很多图片人类都难以分辨清楚是真是假了，说明这个网络结构总体还是非常不错的。

另外 carpedm20 也开源了 PyTorch 版本[16]，习惯使用 PyTorch 的读者可以尝试。

GAN 的变形种类非常多，那么效果到底如何呢？Google 在 2018 年发表了 Are

---

16 https://github.com/carpedm20/BEGAN-pytorch

GANs Created Equal? A Large-Scale Study[17] 的论文。文章提到目前暂时对 GAN 模型还没有统一评价优劣的客观指标，同时也很少在同一计算成本情况下进行比对。所以他们使用了 IS 和 FID 两种指标来进行比较，通过实验证明，各种 GAN 没有特别的优劣之分。有兴趣的读者可以阅读这篇论文，同时 Google 也开源了相关的代码[18]，以供大家学习研究。

2018 年 Nvidia 在 ICLR 会议上发表了高清图像生成论文 Progressive Growing of GANs for Improved Quality, Stability, and Variation[19]。图 8-11 是其生成的假的图片，已达到了以假乱真的效果。

图 8-11 PG GAN 生成图片样本

论文代码也进行了开源[20]，可以从其 ReadMe 看出，单 GPU 训练高清图片（1024×1024）时间需要约两周，8 块 GPU 则需要两天，所以这个训练是非常耗时的，有兴趣的读者可以尝试训练，并应用自己的数据集。

8.2.2 Chainer DCGAN RPG 游戏角色生成示例

此处使用的是开源的 DCGAN[21]，感谢原作者 Seitaro Shinagawa 提供了这个非常实用的例子，但作者使用的是老版本的 Chainer，故这里会在此尝试进行少许的修改，以满足最新版本 Chainer 的需求。

首先删除原作者的 repo，然后修改 gan.py 和 train_gan.py 两个文件。其中 gan.py 主要将 ", test=test" 删掉即可，因为新版 Chainer 中使用 chainer.using_config('train', True/False) 来切换训练或测试模式，修改好的代码如下：

---

17 https://arxiv.org/abs/1711.10337
18 https://github.com/google/compare_gan
19 https://arxiv.org/pdf/1710.10196.pdf
20 https://github.com/tkarras/progressive_growing_of_gans
21 https://github.com/SeitaroShinagawa/DCGAN-chainer

```python
1  import chainer
2  import chainer.cuda
3  import chainer.functions as F
4  import chainer.links as L
5  import chainer.optimizers
6  import numpy as np
7
8
9  def init_normal(links, sigma):
10     for link in links:
11         shape = link.W.data.shape
12         link.W.data[...] = np.random.normal(0, sigma, shape).astype(np.float32)
13
14 class Generator(chainer.Chain):
15
16     n_hidden = 100
17     sigma = 0.01
18
19     def __init__(self):
20         super(Generator, self).__init__(
21             fc5=L.Linear(100, 512 * 4 * 4),
22             norm5=L.BatchNormalization(512 * 4 * 4),
23             conv4=L.Deconvolution2D(512, 256, ksize=4, stride=2, pad=1),
24             norm4=L.BatchNormalization(256),
25             conv3=L.Deconvolution2D(256, 128, ksize=4, stride=2, pad=1),
26             norm3=L.BatchNormalization(128),
27             conv2=L.Deconvolution2D(128, 64, ksize=4, stride=2, pad=1),
28             norm2=L.BatchNormalization(64),
29             conv1=L.Deconvolution2D(64, 3, ksize=4, stride=2, pad=1))
30         init_normal(
31             [self.conv1, self.conv2, self.conv3,
32              self.conv4, self.fc5], self.sigma)
```

```
33
34
35      def __call__(self, z):
36          n_sample = z.data.shape[0]
37          h = F.relu(self.norm5(self.fc5(z)))
38          h = F.reshape(h, (n_sample, 512, 4, 4))
39          h = F.relu(self.norm4(self.conv4(h)))
40          h = F.relu(self.norm3(self.conv3(h)))
41          h = F.relu(self.norm2(self.conv2(h)))
42          x = F.sigmoid(self.conv1(h))
43          return x
44      def make_optimizer(self):
45          return chainer.optimizers.Adam(alpha=1e-4, beta1=0.5)
46
47      def generate_hidden_variables(self, n): # n:batchsize
48          return np.asarray(
49              np.random.uniform(
50                  low=-1.0, high=1.0, size=(n, self.n_hidden)),
51              dtype=np.float32)
52
53
54  class Discriminator(chainer.Chain):
55
56      sigma = 0.01
57
58      def __init__(self):
59          super(Discriminator, self).__init__(
60              conv1=L.Convolution2D(3,   64,  ksize=4, stride=2, pad=1),
61              conv2=L.Convolution2D(64,  128, ksize=4, stride=2, pad=1),
62              norm2=L.BatchNormalization(128),
63              conv3=L.Convolution2D(128, 256, ksize=4, stride=2, pad=1),
64              norm3=L.BatchNormalization(256),
65              conv4=L.Convolution2D(256, 512, ksize=4, stride=2, pad=1),
```

```
66              norm4=L.BatchNormalization(512),
67              fc5=L.Linear(512 * 4 * 4, 1))
68          init_normal(
69              [self.conv1, self.conv2, self.conv3,
70               self.conv4, self.fc5], self.sigma)
71
72      def __call__(self, x, t):
73          n_sample = x.data.shape[0]
74          h = F.leaky_relu(self.conv1(x))
75          h = F.leaky_relu(self.norm2(self.conv2(h)))
76          h = F.leaky_relu(self.norm3(self.conv3(h)))
77          h = F.leaky_relu(self.norm4(self.conv4(h)))
78          y = self.fc5(h)
79          return F.sigmoid(y), F.sigmoid_cross_entropy(y, t)
80
81      def make_optimizer(self):
82          return chainer.optimizers.Adam(alpha=1e-4, beta1=0.5)
```

而对于主训练文件 train_gan.py，修改后的代码如下：

```
1  import os
2  import sys
3  import numpy as np
4  import cupy as cp
5  from RPGCharacters_util import RPGCharacters
6  from gan import Generator, Discriminator
7  import chainer
8  from chainer import Variable, cuda, optimizers, serializers
9  from PIL import Image
10 import random
11 random.seed(0)
12
13 save_path=sys.argv[1]
14 if not os.path.exists(save_path):
15     os.mkdir(save_path)
16 if not os.path.exists(f"{save_path}/model"):
17     os.mkdir(f"{save_path}/model")
18
```

```python
19  def clip(a):
20      return 0 if a<0 else (255 if a>255 else a)
21  
22  def array_to_img(im):
23      im = im*255
24      im = np.vectorize(clip)(im).astype(np.uint8)
25      im=im.transpose(1,2,0)
26      img=Image.fromarray(im)
27      return img
28  
29  def save_img(img_array,save_path): #save from np.array
(3,height,width)
30      img = array_to_img(img_array)
31      img.save(save_path)
32  
33  Gen = Generator()
34  Dis = Discriminator()
35  
36  gpu = 1
37  if gpu>=0:
38      xp = cuda.cupy
39      cuda.get_device(gpu).use()
40      Gen.to_gpu()
41      Dis.to_gpu()
42  else:
43      xp = np
44  
45  optG = Gen.make_optimizer()
46  optD = Dis.make_optimizer()
47  optG.setup(Gen)
48  optD.setup(Dis)
49  
50  real = RPGCharacters()
51  trainsize=real.train_size
52  testsize=real.test_size
53  
54  batchsize = 64
```

```python
55  max_epoch = 100
56  for epoch in range(max_epoch):
57      loss_fake_gen = 0.0
58      loss_fake_dis = 0.0
59      loss_real_dis = 0.0
60      n_fake_gen = 0
61      n_fake_dis = 0
62      n_real_dis = 0
63
64      with chainer.using_config('train', True):
65          for data,charaid,poseid in real.gen_train(batchsize):
66              rand_ = random.uniform(0,1)
67              B = data.shape[0]
68              if rand_ < 0.2:
69                  Dis.cleargrads()
70
71                  x = Variable(xp.array(data))
72                  label_real = Variable(xp.ones((B,1),dtype=xp.int32))
73
74                  y, loss = Dis(x,label_real)
75                  loss_real_dis += loss.data
76                  loss.backward()
77                  optD.update()
78                  n_real_dis += B
79              elif rand_ < 0.4:
80                  Dis.cleargrads()
81
82                  z = Gen.generate_hidden_variables(B)
83                  x = Gen(Variable(xp.array(z)))
84                  label_real = Variable(xp.zeros((B,1),dtype=xp.int32))
85                  y, loss = Dis(x,label_real)
86                  loss_fake_dis += loss.data
87                  loss.backward()
88                  optD.update()
89                  n_fake_dis += B
90              else:
91                  Gen.cleargrads()
```

```
 92            Dis.cleargrads()
 93
 94            z = Gen.generate_hidden_variables(B)
 95            x = Gen(Variable(xp.array(z)))
 96            label_fake = Variable(xp.ones((B,1),dtype=xp.int32))
 97            y, loss = Dis(x,label_fake)
 98            loss_fake_gen += loss.data
 99            loss.backward()
100            optG.update()
101            n_fake_gen += B
102         sys.stdout.write(f"\rtrain... epoch{epoch}, {n_real_dis+n_fake_dis+n_fake_gen}/{trainsize}")
103         sys.stdout.flush()
104
105
106     with chainer.using_config('train', False), chainer.no_backprop_mode():
107         z = Gen.generate_hidden_variables(batchsize)
108         x = Gen(Variable(xp.array(z))) #(B,3,64,64) B:batchsize
109         x.to_cpu()
110         tmp = np.transpose(x.data,(1,0,2,3)) #(3,B,64,64)
111         img_array=[]
112         for i in range(3):
113           img_array2=[]
114           for j in range(0,batchsize,8):
115             img=tmp[i][j:j+8]
116             img=np.transpose(img.reshape(64*8,64),(1,0))
117             img_array2.append(img)
118           img_array2=np.array(img_array2).reshape(int(batchsize/8*64),8*64)
119           img_array.append(np.transpose(img_array2,(1,0)))
120         img_array = np.array(img_array)
121         print("\nsave fig...")
122         save_img(img_array,f"{save_path}/{str(epoch).zfill(3)}.png")
123         print(f"fake_gen_loss:{loss_fake_gen/n_fake_gen}(all/{n_fake_gen}), \
124              fake_dis_loss:{loss_fake_dis/n_fake_dis}(all/{n_fake_dis}), \
```

```
125            real_dis_loss:{loss_real_dis/n_real_dis}(all/{n_real_
dis})") #losses are approximated values
126     print('save model ...')
127     prefix = f"{save_path}/model/str(epoch).zfill(3)"
128     if os.path.exists(prefix)==False:
129       os.mkdir(prefix)
130     serializers.save_npz(f"{prefix}/Geights", Gen.to_cpu())
131     serializers.save_npz(f"{prefix}/Goptimizer", optG)
132     serializers.save_npz(f"{prefix}/Dweights", Dis.to_cpu())
133     serializers.save_npz(f"{prefix}/Doptimizer", optD)
134     Gen.to_gpu()
135     Dis.to_gpu()
136
137     real_belief_mean = 0.0
138     fake_belief_mean = 0.0
139     for j,(data,charaid,poseid) in enumerate(real.gen_
test(batchsize)):
140         x = Variable(xp.array(data))
141         B = x.shape[0]
142         label = Variable(xp.ones((B,1),dtype=xp.int32))
143         with chainer.using_config('train', False), chainer.no_
backprop_mode():
144             y, loss = Dis(x,label)
145             real_belief_mean += xp.sum(y.data)
146             sys.stdout.write(f"\rtest real...{j}/{testsize/
batchsize}")
147             sys.stdout.flush()
148     print(f" test real belief mean:{real_belief_mean/testsize}
({real_belief_mean}/{testsize})")
149     for j,(data,charaid,poseid) in enumerate(real.gen_
test(batchsize)):
150         z = Gen.generate_hidden_variables(batchsize)
151         x = Gen(Variable(xp.array(z)))
152         label = Variable(xp.zeros((batchsize,1),dtype=xp.
int32))
153         with chainer.using_config('train', False), chainer.no_
backprop_mode():
154             y, loss = Dis(x,label)
```

```
155            fake_belief_mean += xp.sum(y.data)
156            sys.stdout.write(f"\rtest fake...{j}/{testsize}")
157            sys.stdout.flush()
158    print(f" test fake belief mean:{fake_belief_mean/testsize} ({fake_belief_mean}/{testsize/batchsize})")
```

文件主要添加了第 66 行及对应缩进，使得网络进入训练模式；然后添加了第 108 行、第 145 行和第 155 行，并将对应代码块进行了缩进，使得网络进入测试模式，并不使用后传模式（no_backprop_mode），以加速运行。另外对打印输出作了少许修改，但是不修改也没问题。

其整个过程如下：

（1）使用 RPGCharacters_util.py 对输入目录的图片进行处理，每张图片都是一个角色的图片，里面包含 6×9 个不同姿势的同一角色图片，RPGCharacters 会为每张图片生成一个独有的角色 ID，然后对每张图片中每个位置的小图片生成一个独有的姿势 ID，最后将图片矩阵、角色 ID 和姿势 ID 分别保存起来。

（2）RPGCharacters_util.py 会将数据集分为训练集（60 000 个角色）和测试集（2 000 个角色），并提供对应的生成器函数。在训练文件中，训练过程分为三种情况，使用 rand_ 随机值来区分。

① rand_<0.2，使用真实数据训练 D。

② 0.2<rand_<0.4，使用生成数据来训练 D。

③ 其他情况，使用生成数据来训练 G，此时 D 不动。

（4）使用 G 来生成虚假的图片，并按 8×8 排列起来形成一张图片，每轮都会生成一张大的虚假图片。

（5）最后是保存模型和测试。

训练后的结果如图 8-12 所示，这里只展示了最后几轮生成的结果，可以看出其质量非常不错，虽然有的部分会有瑕疵，但将其应用在手机小尺寸的屏幕上时，游戏玩家可能会接受这些图片的质量。当然这些都还有调参的空间，有兴趣的读者可以自行尝试。

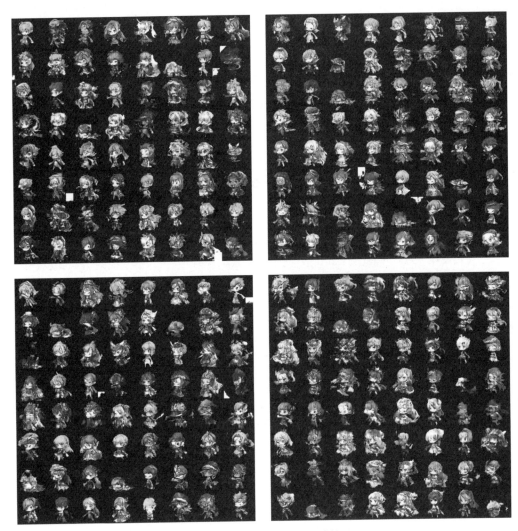

图 8-12 DCGAN RPG 角色生成结果

8.3 Neural Style Transfer

8.3.1 Neural Style Transfer 介绍

Style Transfer 即风格转换，就是给原图 A 加上特定风格 B，比如某艺术家的作品，最后输出图像的风格就与 B 相似，但内容几乎还是与 A 相同，从图 8-13 可直观理解。

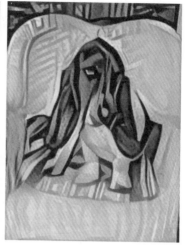

图 8-13 Style Transfer 示意图

目前工业应用的主要有 Prisma、Ostagram 和 Deep Forger 等。

Style Transfer 中的风格图片常常使用的是某些艺术家的作品，这些作品通常会与人们拍摄的现实自然场景图片有非常大的不同，包括但不仅限于颜色、线条、轮廓等；而原图则是指人们所拍的自然图片。

2015 年德国的研究员发表了两篇文章：A Neural Algorithm of Artistic Style[22] 和 Texture Synthesis Using Convolutional Neural Networks[23]，揭开了 Neural Style Transfer 的序幕，即使用神经网络来进行 Style Transfer。

2016 年 Justin Johnson（斯坦福大学计算机视觉课程 CS231 的讲师）发表了 Perceptual Losses for Real-Time Sytle Transfer and Super-Resolution[24]，实现了更加快速的转换方法。

2017 年出现了 A Learned Representation for Artistic Style[25]。

2017 年 Cornell 大学和 Adobe 公司做了一次真实场景风格转换的尝试，并撰写文章 Deep Photo Style Transfer[26]。其转换结果令人惊讶，相比于其他方法，此转换更加可靠，代码也已开源[27]。

---

22 https://arxiv.org/abs/1508.06576
23 https://arxiv.org/abs/1505.07376
24 https://arxiv.org/abs/1603.08155
25 https://arxiv.org/pdf/1610.07629.pdf
26 https://arxiv.org/abs/1703.07511
27 https://github.com/luanfujun/deep-photo-styletransfer

2018 年 Neural Style Transfer 发表了论文 A Review[28]，对目前的 Style Transfer 进行了综述，有兴趣的读者可以查看原论文。

2018 年 Nvidia 公司发表了论文 A Closed-form Solution to Photorealistic Image Stylization[29]。

Style Transfer 的输入过程如下：待转换的图片 A 与风格图片 B，输出则为图片 C。希望达到以下效果：A 和 C 在内容和细节上尽量相似，而 B 和 C 在风格上尽量相似。对应地，为了衡量这种相似差异，有所谓的 content loss（A 与 C 之间）和 style loss（B 和 C 之间）。总的差异可以使用以下变量表达：

$$Loss_{total} = \alpha Loss_{content} + \beta Loss_{style}$$

其中 α 和 β 是用来平衡两种 loss 的关系。

对于图像的内容和风格的理解其实是非常主观的一个过程，故在数学上对这两种 loss 也很难有统一且准确的定义。目前 content loss 常常使用每个像素间的累积差异，也称 pixel-wise loss，即让像素间的差异越小越好；而 Justin Johnson 则提出使用 perceptual loss 计算图像高层语义级别的差异。

对于风格特征，目前常常使用 Gram 矩阵来表达。对于 CNN 网络来说，每一层都会对应有一个输出，输出形状为 H×W×C，即高 × 宽 × 通道数。那么从通道这个维度理解，每层的输出就是一个维度为 C 的向量，[C1, C2, C3, ..., Cn]，Cn 就表示第 i 层的 feature map 矩阵（H×W）张量。然后使用类似协方差的概念，可以计算出当前层输出变量的 Gram：

$$Gram = \begin{bmatrix} C_{11} & C_{12} & . & . & . & C_{1n} \\ C_{21} & C_{22} & & & & C_{2n} \\ . & & . & & & \\ . & & & . & & \\ . & & & & . & \\ C_{n1} & C_{n2} & . & . & . & C_{nn} \end{bmatrix}$$

但与真正的协方差不同，此处的 C_{ij} 是第 i 层的 H×W 矩张量 F_i 与第 j 层的 H×W 矩张量 F_j 对应元素（逐元素，element-wise）乘积之和，即

$$C_{ij} = \sum_{k=1}^{H*W} F_{ik} * F_{jk}$$

---

28 https://arxiv.org/abs/1705.04058
29 https://arxiv.org/abs/1802.06474

然后计算风格图片与生成的图片之间的差异,就得到 $Loss_{style}$。可以看出 Gram 矩阵忽略了空间信息,而且是对称的,它是在 CNN 特征信息的基础上进行了二次信息提取,具有全局性。实践证明,Gram 在风格纹理方面有较强的表达能力,适用于风格转换这类任务。

8.3.2 MXNet 多风格转换 MSG-Net 示例

2017 年 Amazon 的张航做了一次多风格转换尝试,Multi-style Generative Network for Real-time Transfer[30],分别开源了三个框架的版本,即 PyTorch、MXNet 和 Torch。

MSG-Net 结构如图 8-14 所示,其上采样过程使用了整数卷积操作(带残差结构),风格衡量使用的是 Gram,内容衡量则使用的是逐像素对比。

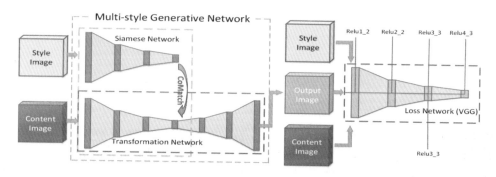

图 8-14 MSG-Net 结构

模型总的优化目标如下表所示,主要是计算某层 feature map 的内容差异(Relu3_3)和其他几层的风格差异(Relu1_2, Relu2_2, Relu_3_3, Relu4_3)。文章中指出网络会去学习一个 Gram 的权重矩阵 W 进行近似求解,另外还使用 Cholesky Decomposition 技术。使用 ITV 主要是为了使得生成的图像更加平滑,计算差异的网络使用的是 VGG。MSG-Net 的优化目标如图 8-15 所示。

$$\hat{y}^i = \underset{y^i}{\operatorname{argmin}} \{ \| y^i - \mathcal{F}^i(x_c) \|_F^2 + \alpha \| \mathcal{G}(y^i) - \mathcal{G}(\mathcal{F}^i(x_s)) \|_F^2 \}.$$

$$\hat{y}^i = \Phi^{-1} \left[\Phi \left(\mathcal{F}^i(x_c) \right)^T W \mathcal{G} \left(\mathcal{F}^i(x_s) \right) \right]^T$$

$$\hat{W}_G = \underset{W_G}{\operatorname{argmin}} E_{x_c, x_s} \{ \lambda_c \| \mathcal{F}^c(G(x_c, x_s)) - \mathcal{F}^c(x_c) \|_F^2 + \lambda_s \sum_{i=1}^{K} \| \mathcal{G}(\mathcal{F}^i(G(x_c, x_s))) - \mathcal{G}(\mathcal{F}^i(x_s)) \|_F^2 + \lambda_{TV} \ell_{TV}(G(x_c, x_s)) \},$$

图 8-15 MSG 优化目标

---

30 https://arxiv.org/pdf/1703.06953.pdf

这里使用了对应的 MXNet 版本[31]，如果只使用开源作者的模型，利用 python models/download_model.py 即可下载作者的模型。

然后使用 python main.py eval --content-image your_image_path --style-image images/styles/candy.jpg --model models/21styles.params --content-size 1024

从 option.py 文件可以看出生成图片主要的参数如下。

- --content-image：内容图片路径。
- --style-image：风格图片路径（训练中所使用过的风格图片之一）。
- --model：模型路径。
- --output-image：生成图片的保存路径，默认为 output.jpg。
- --content-size：内容图片最长边大小。
- --cuda：1 使用 GPU，0 使用 CPU。

使用作者训练的模型对龙珠超中的悟空和广州塔进行风格转换，对应结果如图 8-16 和图 8-17 所示。

其中第一张图片为原图，剩下的都是不同风格转换后的效果。为了看到更多细节，这里将原图和第一张进行转换后的图使用单独的行显示，其他结果则并列显示。

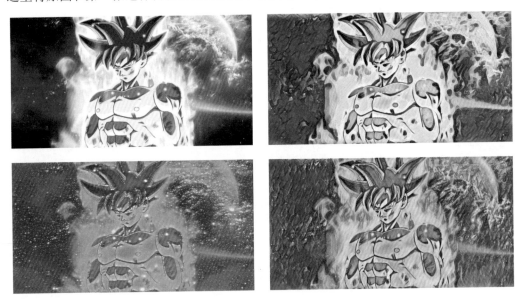

图 8-16 悟空风格转换

---

31 https://github.com/zhanghang1989/MXNet-Gluon-Style-Transfer

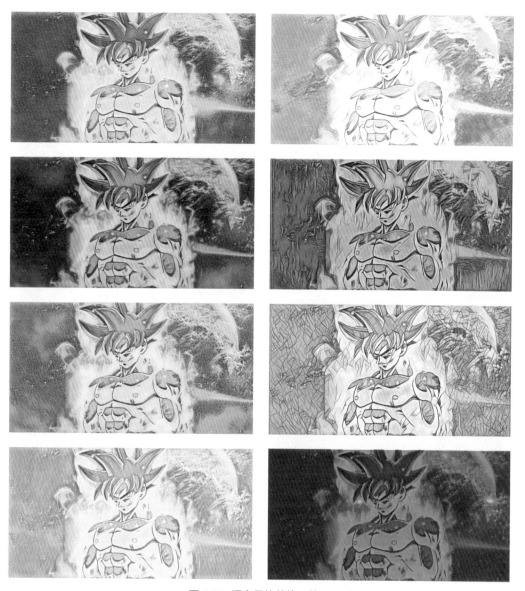

图 8-16 悟空风格转换（续）

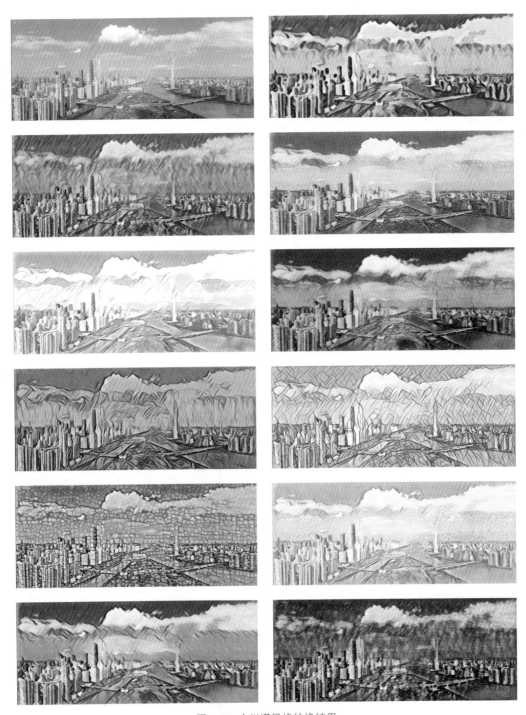

图 8-17 广州塔风格转换结果

图 8-17 广州塔风格转换结果（续）

有兴趣的读者可以自行尝试，这种方式优点是不需要单独训练，缺点是风格是指定的，作者预训练的模型使用的风格都在 images/styles 中。

那么如果读者想针对自己所选的风格进行训练，应该怎样操作呢？这就需要使用 main.py 中的 train 函数了，其主要的参数都可以参见 option.py 中第 10~42 行代码。原作者所使用的是 COCO2014 数据集，可直接使用作者提供的脚本下载并解压，也可直接以数据集存放执行以下语句，实质与脚本一样：

```
wget http://msvocds.blob.core.windows.net/coco2014/train2014.zip
wget http://msvocds.blob.core.windows.net/coco2014/val2014.zip
unzip train2014.zip
unzip val2014.zip
```

然后执行 python main.py train --epochs 4，便可进行训练，注意 option.py 中的参数。比如此时读者将数据存放目录修改为 abs_coco2014，abs_coco2014 目录下有 train2014 和 val2014 两个文件夹，那么应该使用 --dataset abs_coco2014 进行指定。

另外对于 GPU 这块，原作者使用的是以下语句：

```
if args.cuda:
    ctx = mx.gpu(0)
else:
    ctx = mx.cpu(0)
```

即表示 args.cuda 为非 0 时使用服务器的第一块 GPU，而 args.cuda 为 0 时则使用 CPU，但如果读者有多块 GPU 且多人共同使用一台服务器时，此时笔者认为以下的方式会更加适合：当 args.cuda 是非负整数时就表示使用第 args.cuda+1 块 GPU，而小于 0 时使用 CPU。

```
if args.cuda >= 0:
    ctx = mx.gpu(args.cuda)
else:
    ctx = mx.cpu(0)
```

执行训练命令行中的体现为：--cuda 1，使用第 2 块 GPU；--cuda 7，使用第 8 块 GPU；第一块 GPU 就使用 --cuda 0 即可。

在 Titan Xp GPU 服务器上整个训练需要约 8 小时。

当然以上都是笔者的建议，读者可斟酌使用。针对 PyTorch 版本，原作者还加了个针对视频的实时风格转换脚本[32]，使用 PyTorch 的读者也可以尝试。不过 MXNet 版本也可以做类似的功能，使用 OpenCV 进行视频或摄像头读取，然后取帧，进行转换，输出对比效果即可。

8.4 本章总结

本章首先对图像生成进行了简要介绍，然后就三大主要生成技术进行了探讨，包括 VAE、GAN 和 Style Transfer。

三种方法各有优缺点，读者可根据自己的实际情况进行学习和使用。如果使用的是小尺寸图像生成，那么可以从 GAN 部分的示例中看到，其效果还是很不错的；而如果想进行风格转移，进行视频风格转换，那么现在的风格转换也可以取得不错的效果。

但总的来说，算法和技术日新月异，如果打算真的吃透一个方向，深入的论文阅读与理解，源码的解读或自己复现都是需要花费很大力气的。笔者在图片生成领域经验较浅，在此只是给读者打开了一扇面向图像生成领域的窗口，希望读者能比笔者走得更远，理解得更加透彻。

---

[32] https://github.com/zhanghang1989/PyTorch-Multi-Style-Transfer

后　记

至此，本书的主要内容已经写完。

从深度学习的实践来看，各种算法都有一定的局限，论文上特别好的结果也是基于一定的假设，并在某些数据集上取得的结果。在现实的业务场景中，应该仔细对比数据分步、假设以及预期结果等因素，然后有针对性地选择算法。

面对现实问题，只要能解决大部分的问题，笔者认为便是一种成功。比如针对缩减成本或增加收益而言，如果在原来的基础上，使用了某种算法或技术能减少 30% 的成本或增加 30% 的收益，那么这种应用就是有实际价值的。

但很多人会情不自禁地陷入一种怪圈：必须达到 80%、90%、95%，才会觉得是可以使用的，才能体现整个团队的实力和价值。其实，简单朴素并有效才是一种很好的工作方式。先将 30% 应用到实践中，再不断地提升，进而递增式的发展，也许能取得更好效果。

对于 AI 算法中的过拟合与欠拟合，笔者认为它们一直是共存的，是相对的，只是观察的尺度不一样而已。

抽象为图 1 示例，当拿到一个数据集，将其按一定比例分为 train、test、validation 三部分，然后训练测试并验证取得了一个效果非常好的模型，我们会认为这个模型的泛化能力已经非常好了。但现实的情况是数据可以说是天量级别的，世间那么多数据，我们很难进行有效的采样，那么刚刚的模型基于的数据集也许就是图 1 中 a 范围内的数据集，当把模型应用到 b 范围的数据上时，还能确保模型的泛化能力很好吗？比如在 Mnist 上训练好的模型，其在 FashionMnist、Cifar-100、ImageNet、OID 上面的效果应该会有很大的差异。这也是为什么遇到不同的数据集，模型需要重新再训练的一个原因。

另外，在某一尺度数据集上表现得很好的网络设计（算法设计），在另外一种尺度上效果不一定就会很好。简单的例子就是图像分类与图像分割，图像分类只需要关注全局视觉效应即可达到目标，而图像分割还需要注意物体边缘的特征，从而在分类的基础上再将边缘分割开来（即像素分类）。

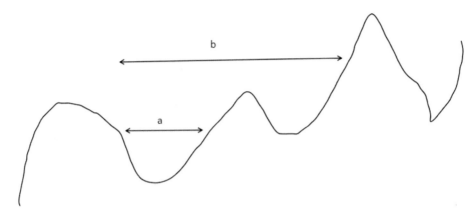

图 1　过拟合与欠拟合

在训练过程中，GPU 等物理设备的使用也值得注意。比如参数 batch-size，如果是进行图像分类，其 batch-size 可以设置得比较大，因为其输入是一张图片，输出一般为一个 $1\times 1\times \#classes$ 的长向量；而且当输入图片较小时，batch-size 可以设置的更大，比如 Mnist 与 ImageNet 对比。而对于图像分割来说，因其输出是高密度的矩阵，输出往往假设为 $m\times n\times 3$ 的彩色图片，一般输出则至少为 $m\times n\times (\#classes+1)$ 的大矩阵，所以其 batch-size 一般较小。整个模型的参数体量也是需要考虑的因素，故在实际工作中，需要衡量各类因素。使用 GPU 并行就是空间换时间的操作，笔者认为无论什么招式，其最终需要的操作都是必须执行的，提速主要是硬件、算法（执行顺序、新思路）方面的提升。

目前各种框架版本迭代十分快，但很多开源项目都是基于之前版本的，读者在借用别人代码的过程中需要注意这一点。如果版本不一样，要么得修改代码，要么得使用原作者所用版本。

针对目前 AI 很火爆这个现象，笔者也在此谈谈自己的感受。AI 火爆主要基于三方面：硬件的发展、算法的进步和投资人的追捧。前两者确实是有质的提升，然后加上一些潜在应用变现与媒体的鼓吹，投资人一哄而上，这个主题就热起来了。AI 在历史上也经历过类似的场景，但当投资者发现事实与预期不符时，资本就会趋于冷静，此时泡沫就会爆破，市场回归理性。三十年河东，三十年河西，曾经的诺基亚、摩托罗拉，现在在哪里？目前 AI 应用真实落地相对较难，产生效益的企业或应用屈指可数，全民 AI 可取吗？这是值得深思的问题。

后　记

如果读者希望从事这一行业，会面临着方向的选择，包括但不仅限于分类、分割、检测、追踪、生成、OCR 等，那么需要认真审视自身的优势和劣势，并结合市场环境，选择一个方向，剩下的便是风雨兼程。

如果读者只是希望紧跟信息时代的步伐，开拓自己的视野，那么走马观花地阅读本书即可，另外还可涉猎自然语言处理、强化学习、语音识别、搜索与推荐等方面的资料。

学海无涯，技术日新月异，希望本书能充当一叶扁舟，在 AI 这个知识的海洋中渡大家一段。

最后，由于本人的学识、能力、经验所限，此书只是抛砖引玉，如果能给读者带来一点点收获，那么这本书就是成功的。